おはなし
科学・技術シリーズ

金属のおはなし

大澤　直　著

日本規格協会

まえがき

　私たちと金属とのかかわりの歴史はまことに古く，また，それから受けている恩恵は他のいかなるものよりも大きく計り知れないものがあります．私たちの祖先が金属を手にするようになったのは，銅が紀元前3 500年ごろ，鉄が紀元前2 500年ごろですから，今日まで実に5 000年以上ものながきにわたってかかわってきたことになり，金に至っては6 000年もの歴史があるとされています．

　歴史が古ければ古いほど，また付き合いが深ければ深いほど，それだけ緊密な関係が生まれてきます．私たちと金属とは切っても切り離せない間柄にあり，金属なくして私たちの日常生活は維持されず，金属材料の進歩なくして豊かな社会の発展はありえません．

　著者はこれまで40余年にわたって金属の接合，とりわけ低温溶接としてのろう付・はんだ付の研究に携わってきましたが，その間，絶えず金属と向き合ってきました．金属を正しく接合するためには，まず第一に金属についての物理的，化学的，電気的性質の知識を深め，さらに，合金学，金属組織学，拡散反応や表面現象あるいは材料強度学など，多方面からの理解が不可欠であることを痛感してきました．実際の実験研究を通して金属のさまざまな現象に出会うとき，いつも，金属がもっている不思議な魅力にとりつかれてきました．金属は鍛えれば強くなり，合金にすれば新しい材料が誕生し，熱処理を施せば性質が一変します．金属は調べれば調べるほど，追求すれば追求するほど，また研究すれば研究するほど新しい事実に出会うことを知らされてきました．金属には，対応次第によって千変万化する魔性の力が潜んでいるかのようにさえ思えてなりません．

このように，金属には私たちを魅了する大きな力が秘められていますが，その神秘さ，不思議さ，おもしろさ，そして私たちがそれから受けている恩恵の数々を，広く一般の方々も理解されることが必要なのではないかとの思いにかられてきました．幸いにも，このたび，日本規格協会から"おはなし科学・技術シリーズ"の中の一巻として"金属のおはなし"を執筆する機会を与えられ，その意をさらに強くいたしました．

本書では，金属に秘められている基本的な科学現象やそれにかかわる開発技術を，大上段の構えから論ずるのではなく，身のまわりにある具体的な例や現象を取り上げ，あるいはエピソードなどを取り入れながら平易に解説することを旨とし，ややもすれば取っ付き難いとされている"金属"について，その知識を広げ理解を深めることを主眼としました．

限られたページ数の中で金属の全体像をつかむために，内容構成を"金属の科学"，"金属の材料"，"金属の加工技術"の3部門とし，対象としては原子力用鋼材から携帯電話用鉛フリーはんだに至るまで，できるだけ広範囲のテーマを取り上げるようにつとめました．この小書は金属に対する著者の思いの丈を一つにまとめ上げたものですが，内容について不十分な点や誤りなどがあれば，読者の方々によるご批判とご討論をいただければ幸甚に存じます．

最後に，本書をまとめるにあたって参考にさせていただいた多くの文献の原著者ならびに貴重な資料と有意義なご意見を賜った方々に心から感謝申し上げます．また，出版にあたって大変お世話になった日本規格協会の石川健氏，須賀田健史氏，小林亮子氏に厚くお礼申し上げます．

2006年1月

大澤　直

目　　次

I　金属の科学

第1章　金属とは

1.1　クラーク数の妙 ────────── /金属の存在/　12
1.2　ウランは天王星，プルトニウムは冥王星
　　　　　　　　　── /元素記号/　14
1.3　多種多様の性質 ────── /金属の特性と分類/　16
1.4　金属の誕生 ───────────── /精錬/　20
1.5　決め手はゾーンメルティング法
　　　　　　　　　── /金属の高純化/　22
1.6　本性と履歴が一目瞭然 ─────── /金属組織/　25
1.7　金属の性質を決める ──────── /結晶構造/　27
1.8　結晶質ばかりが金属ではない
　　　　　　　　　── /アモルファス金属/　30
1.9　いろいろ ──────────── /金属の色/　32
1.10　あいつが一番だとは知らなんだ ── /金属の特徴/　34

第2章　やさしい金属学

2.1　物質状態を律する法則 ───────── /相律/　36

2.2	金属にとっての最大の節目	/融点/	39
2.3	合金の素性がすべて分かる	/状態図/	41
2.4	組成比の妙	/合金/	44
2.5	金属はヘンタイにあらず	/変態/	49
2.6	マルテンサイト相は強じん	/焼入れ/	51
2.7	鍛えれば強くなる	/加工硬化/	54
2.8	金属は生まれ変わる	/再結晶/	56
2.9	時間の効果	/時効/	58
2.10	状態変化解析の基本原理	/活性化エネルギー/	61
2.11	表面に秘められた力	/表面張力/	63
2.12	金属は燃える	/酸化/	65
2.13	イオン化傾向が主役を演じる	/腐食/	68
2.14	突然の大変身	/不働態/	70
2.15	大敵は環境とストレス	/応力腐食割れ/	71
2.16	金属には通じない薬石の効	/疲労/	73
2.17	ディンプルと劈開	/延性破壊とぜい性破壊/	75
2.18	あまのじゃくの法則	/ルシャトリエの法則/	78

II 金属の材料　81

第3章　鉄　　鋼

3.1	金属の王様	/鉄/	82
3.2	転炉と平炉	/製鋼/	83

3.3	幻の鉄 ——————————————— /ベータ鉄/	86
3.4	さびない金属 ——————————————— /不銹鋼/	88
3.5	世界に誇れる磁石鋼 ——————— /KS鋼とMK鋼/	90
3.6	精密機器に不可欠なインバーとエリンバー ——————————————— /不変鋼/	92
3.7	NGグレード ——————————— /原子力発電用鋼材/	94
3.8	灼熱に強い鋼 ——————————————— /耐熱鋼/	96
3.9	身を捨ててこそ浮かぶ瀬もあれ ——— /快削鋼/	97
3.10	原理は線香花火 ——————————— /火花試験/	99

第4章 銅および銅合金

4.1	非鉄金属の女王 ——————————————— /銅/	102
4.2	お寺の梵鐘とチャペルのベル ——————— /青銅/	104
4.3	百面相の合金 ——————————————— /黄銅/	105
4.4	似て非なる銀 ——————————————— /洋銀/	107
4.5	悪貨は良貨を駆逐する ——————— /貨幣合金/	109

第5章 アルミニウムおよびアルミニウム合金

5.1	若い金属 ——————————— /アルミニウム/	112
5.2	世界共通の合金番号 —— /アルミニウム合金の分類/	115
5.3	高力アルミニウム合金 ——— /超々ジュラルミン/	117
5.4	アルミニウムブレージングの進歩 —— /熱交換器/	119
5.5	発色は添加元素次第 ——————— /アルマイト処理/	123

第6章 貴　金　属

6.1	天は二物を与えず	/貴金属と卑金属/	125
6.2	人の心を惑わす山吹色	/金/	126
6.3	似たもの金属	/白金族金属/	127
6.4	意外な用途	/金はんだ/	129

第7章　低融点合金

7.1	理想高強度金属のいたずら	/ウィスカ/	132
7.2	金属の泣き声	/双晶変形/	133
7.3	金属の伝染病	/すずペスト/	135
7.4	公害と環境問題の産物	/鉛フリーはんだ/	137
7.5	防火を担う低融点合金	/易融合金/	140
7.6	低融点が命	/軸受合金/	141

III　金属の加工技術　145

第8章　鋳造技術

8.1	金属加工の原点	/鋳物/	146
8.2	金属材料生産の高効率化	/連続鋳造法/	147
8.3	もろい鋳物からの脱却 ——— /球状黒鉛鋳鉄とシルミンの改良処理/		149

8.4　金型鋳造の花形 ──────────── /ダイカスト/　152

第9章　展伸加工技術

9.1　金属は延びて伸びる ─────────── /塑性加工/　154
9.2　究極の塑性加工 ────────────────── /箔/　156
9.3　古くて新しい加工法 ──────────── /伸線加工/　158

第10章　接合技術

10.1　ものづくりの原点技術 ─────────── /接合技術/　161
10.2　接合技術の王者 ───────────────── /溶接/　164
10.3　現代接合技術の華 ─────── /マイクロソルダリング/　165
10.4　特異な接合法 ───────────────── /拡散接合/　169

第11章　めっき技術

11.1　装飾・防せいから工業材料まで ────────── /めっき/　173
11.2　技術は巡る ──────────────── /めっきの役割/　176
11.3　実装技術の陰の立役者 ──────────── /複合めっき/　178

参考文献　180
付　　表　181
索　　引　183

I　金属の科学

　科学とは一つの対象を独自の目的をもって体系的に研究する学問であり，いくつかの事例から帰納される普遍的かつ妥当性のある知識の集成から成り立っています．人文科学，社会科学，自然科学があり，中でも自然現象を対象とする自然科学はその中枢をなすものです．

　一つの科学には一つの真理があります．

第 1 章　金属とは

1.1　クラーク数の妙　————————/金属の存在/

　私たちが住んでいる地球は，直径が約 13 000 km の球形の大きな塊です．地球の平均比重は 5.52 とされており，表面皮殻を構成する岩石には比重が 2.7 を超えるものは存在しません．したがって，地球は内部に向かうほど比重が増し，中心部には比重が少なくとも 6 以上の物質が存在すると推定されています．しかし，現在，地球内部の状態を知ることができる深さは地表から約 10 km にすぎません．これは地球をリンゴにたとえれば直接に成分を知ることができる範囲はその皮の厚さにも及ばないことを意味しています．

　それでは，地球はどのような物質から構成されているのでしょうか．これまでの物理学や化学に基づいた知識によれば，比重の大きい重金属類は表面に希薄で内部に濃厚に，比重の小さいアルカリ金属は表面に多く存在すると推論されます．現実には表面近傍にも金や銀などの貴金属や，鉄やニッケルなどの重金属が存在するのは，それらが地球の造山活動期にふっ化物や塩化物のようなハロゲン化合物などの揮発性の化合物として蒸気の状態で上昇したものと考えられています．

　地殻を構成している元素の頻度および分布は現在の化学分析の進歩によってかなり正確に把握できるようになりましたが，その範囲は約 1.5 km の深さにすぎません．しかし，地表から約 16 km までの元素の分布と質量百分率は地表とほとんど同じであることが種々の調査と研究から明らかにされています．

このようなことから,厳密な化学分析の結果に基づいて地殻に存在するあらゆる元素の質量百分率を求めることができるようになりました.この質量百分率で示した数をクラーク数といい,これは地球の元素分析に貢献のあったクラーク*の名にちなんだものです.

それによると,元素の多さの順は,第1位は酸素,第2位はけい素,第3位はアルミニウムであり,次に鉄,カルシウム,ナトリウム,カリウム,マグネシウムの順であり,この8元素で97.91%が占められています.このことはその他の元素がごくわずかであることを意味しています.

主な元素のクラーク数と多さの順を表1.1に示します.表を見る

表 1.1 主な元素のクラーク数と多さの順

元素	クラーク数	多さの順	元素	クラーク数	多さの順
O	49.5	1	W	6×10^{-3}	27
Si	25.8	2	Sn	4×10^{-3}	31
Al	7.56	3	Pb	1.5×10^{-3}	36
Fe	4.70	4	Mo	1.3×10^{-3}	37
Ca	3.39	5	Ge	6.5×10^{-4}	43
Na	2.63	6	As	5×10^{-4}	49
K	2.40	7	U	4×10^{-4}	53
Mg	1.93	8	Sb	5×10^{-5}	61
Ti	0.46	10	Cd	5×10^{-5}	62
Mn	0.09	12	Hg	2×10^{-5}	65
Zr	0.023	20	Bi	2×10^{-5}	67
Cr	0.02	21	Ag	1×10^{-5}	69
V	0.015	23	Pd	1×10^{-6}	71
Ni	0.01	24	Pt	5×10^{-7}	74
Zn	8×10^{-3}	25	Au	5×10^{-7}	75
Cu	7×10^{-3}	26	Rh	1×10^{-7}	79

---

* F.W. Clarke (1847-1931). アメリカの地球化学者.鉱物および岩石の化学的研究の業績が多い.

と意外なことに気づきます．つまり，銅（Cu），亜鉛（Zn），すず（Sn）などの日常生活に身近な金属が，一般には希少と思われているチタニウム（Ti）やジルコニウム（Zr）などよりも少なく，ニッケル（Ni）やバナジウム（V）とほぼ同量です．

このように，身近に接している金属の量と地球全体に存在している金属との量は必ずしも一致していません．これは，その金属の産出が広く分布しているのかまたは鉱床として一箇所に偏在するのか，採鉱あるいは金属への精錬が容易であるか困難であるか，あるいはその金属の実用価値としての経済的な位置づけはどうかということに関係しています．

1.2　ウランは天王星，プルトニウムは冥王星
────── /*元素記号*/

元素記号とは元素の種類を表示するための記号であり，その一般的な表示方法は元素名の頭文字，または頭文字と綴り字の中の適当な文字とを組み合わせるものです．例えば，水素は H（Hydrogen），炭素は C（Carbon），チタニウムは Ti（Titanium），マンガンは Mn（Manganese）などです．

しかし，このような表示以外に Cm（キュリウム），Md（メンデルビウム），Es（アインスタイニウム）などの人名，Am（アメリシウム），Fr（フランシウム）などの国名，Cf（カリフォルニウム），Bk（バークリウム）などの土地名があてられたものもあります．

また，太陽には 8 個の惑星[*1]がありますが，それらにちなんだ元素もあります．代表的な放射性元素である U（ウラン）は土星

[*1] 2006 年 8 月国際天文学連合は冥王星を太陽系惑星から除外し 9 個としていた惑星を 8 個とすることを決めました．

の外側に位置する天王星（Uranus）に，Np（ネプチウム）は天王星の外側に位置する海王星（Neptune）に，Pu（プルトニウム）は海王星のさらに外側に位置する冥王星（Pluto）にそれぞれちなんで命名されたものです．

　ちなみに，名前のついた元素はこれまで 110 種ありますが，新しく発見された元素は，すべて語尾を ium とすることが国際純正応用化学連合（IUPAC）で規定されています．語尾が ium ではなく um となっている元素はアルミナム（Aluminum）[*2]，ランタン（Lanthalum），モリブデン（Molybdenum），プラチナ（Platinum），タンタル（Tantalum）の 5 種だけです．113 番目の新元素 [*3] がわが国の理化学研究所で合成されています．

　さて，Na をナトリウムまたはソジウム，W をタングステンまたはウォルフラムなどのように同一元素が異なる呼び方で示されるものがある一方で，同一元素が異なる記号で表示されるものがあります．それはニオブ（Niobium）とコロンビウム（Columbium）であり，それぞれ元素記号は Nb, Cb ですが，両者は同一元素です [*4]．国際的には Nb が使用されていますが，アメリカでは Cb が用いられており，アメリカ系の学術論文や工業界ではすべて Cb が使用されています．これはどのような理由からなのでしょうか．

　1801 年，イギリスの大英博物館の館長ハチェット [*5] はアメリカ

[*2] アルミナム（aluminum）はアメリカ式呼称．イギリス式呼称はアルミニウム（aluminium）．

[*3] 原子番号 113 の新元素．リケニウム，ジャポニウムなどの名が候補にあがっています．

[*4] ベリリウム（beryllium）と，グルシナム（glucinum，イギリス式呼称）またはグリュシニウム（glusinium，フランス式呼称）も同一元素であり，元素記号はそれぞれ Be, Gl です．

[*5] Hatchett (1765–1847)．イギリスの化学者．

のマサチューセッツ州から送られてきた新鉱物から,それまで知られていなかった新しい元素を発見し,それをアメリカ大陸の発見者コロンブス[*6]の名にちなんでコロンビウムと命名しました.一方,エケベリー[*7]は国産の鉱物(タンタル石)からコロンビウムの性質と似た新元素を発見し,これをタンタル(Ta)[*8]と命名しました.当時,両者の酸化物の比重が異なることは分かっていましたが,両者を明確に識別することができなかったので両者は同一元素とみなされ,もっぱらタンタルの名が用いられていました.

さらに時代が過ぎて1844年,ローゼ[*9]はタンタル石の成分としてタンタルのほかにさらに別の元素が含まれていることを発見し,これをニオブと命名しました.ところが,後になって,ニオブはコロンビウムと同一の元素であることが確認され,ニオブの名が国際的に採用されるようになって現在に至っています.

しかし,アメリカでは現在でもコロンビウムの名が使い続けられています.発見の端緒となったのが自国のマサチューセッツ州からの鉱物にあったことを重んじているからなのでしょうか.

1.3　多種多様の性質 ──────/金属の特性と分類/

自然界にはさまざまな元素が存在しますが,それらはおおまかに金属と非金属に大別されます.しかし,この分け方は厳密なもので

[*6]　Christopher Columbus (1451–1506)
[*7]　A.G. Ekeberg (1767–1813).スウェーデンの化学者,鉱石学者.ガドリン石およびイットリアの命名者.
[*8]　タンタルとニオブ(コロンビウム)は常にタンタル石やフェルグソン石鉱物に共存しています.
[*9]　G. Rose (1795–1864).ドイツの化学者.

はありません．例えば，ビスマス（Bi），アンチモン（Sb），ゲルマニウム（Ge）は両者の中間に位置し，ひ素（As）やテルル（Te）のように状態に応じて非金属と金属の性質を示すものもあります．

ここで，"金属"とはどのように定義されるのでしょうか．金属が具備している性質として次のことがあげられ，これらの条件を満たすものが金属とされます．

① 常温で固体であり，結晶を構成する［水銀（Hg）のみ液体］．
② 塑性変形能が大きく，展延加工が容易である．
③ 不透明で金属光沢がある．
④ 電気および熱の良導体である．
⑤ 水溶液中で陽イオンになる．

金属にはいろいろな種類のものがありますが，その分類法としては，化学的性質からの分類，金属結晶系からの分類，工業材料学的特性からの分類などがあります．以下にその分類とそれに属する主な元素を示します．

(1) 化学的性質からの分類
化学的性質が類似する金属をグループ別に分けたものです．

① アルカリ金属：Li, Na, K, Rb, Cs
② マグネシウム族金属：Be, Mg, Zn, Cd, Hg
③ アルカリ土類金属：Ca, Sr, Ba, Ra
④ アルミニウム族金属：Al, Ga, In
⑤ 希土類金属：Y, La, Ce, Pr, Nd, Sm, Eu
⑥ すず族金属：Ti, Zr, Sn, Hf, Pb, Th
⑦ 鉄族金属：Fe, Co, Ni
⑧ 土酸金属：V, Nb, Ta
⑨ クロム族金属：Cr, Mo, W, U

⑩ マンガン族金属：Mn, Re
⑪ 貴金属：Cu, Ag, Au
⑫ 白金族金属：Ru, Rh, Pd, Os, Ir, Pt
⑬ 天然放射性元素：U および Th を母体とする40あまりの放射能壊変産物
⑭ 超ウラン元素：Np, Pu, Am, Cm, Bk, Cf, Es, Fm, Md, No

(2) 金属結晶系からの分類

金属は，少数の特殊なものを除いて，すべて対称性の高い結晶構造をもっており，多くの金属は面心立方，体心立方，最密六方のいずれかに属しています．図1.1にそれぞれの結晶構造格子を示しま

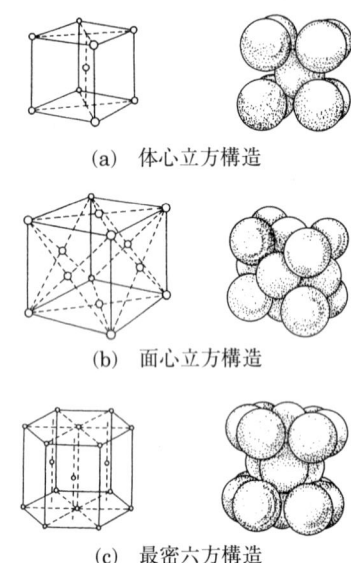

(a) 体心立方構造

(b) 面心立方構造

(c) 最密六方構造

図 1.1 金属の結晶構造

す．結晶構造は金属の機械的性質，特に，変形に大きく影響し，一般に，面心立方格子のものは変形しやすく，最密格子のものは変形しにくいです．

① 面心立方格子金属：Al, Ca, γ-Fe, Ni, Cu, Rh, Pd, Ag, In, Ir, Pt, Au, Pb
② 体心立方格子金属：Li, Na, K, β-Ti, V, Cr, α-Fe, δ-Fe, β-Sn, Ta, W
③ 最密立方格子金属：Be, Mg, α-Ti, Zn, Cd, Nd, Os, Tl

(3) 工業材料学的特性からの分類

工業材料としての金属は鉄鋼材料と非鉄金属材料に大別され，それらはさらに細分類されます．この分類には合金も含まれます．

(a) 鉄鋼材料

① 炭素鋼……機械構造用炭素鋼，一般構造用炭素鋼
② 合金鋼……クロム鋼，ニッケル鋼，不銹鋼，高速度鋼，工具鋼
③ 鋳　鉄……可鍛鋳鉄，球状黒鉛鋳鉄

(b) 非鉄金属材料

① 銅，銅合金，青銅，黄銅
② アルミニウム，アルミニウム合金
③ ニッケル，ニッケル合金
④ 貴金属……金，銀，白金
⑤ 低融点金属……すず，鉛，ビスマス
⑥ その他……マグネシウム，チタン，亜鉛

以上のように，金属にはそれぞれ特徴があるので，金属はその特性が十分に発揮される環境のもとに使用されるべきです．

1.4 金属の誕生 —————————————/精錬/

自然界には110種もの元素が存在しており,その中のかなり多くの金属が実用に供されています.現在,私たちが手にすることのできる金属の中で自然金属として天然に産出するものは,金(Au)や白金(Pt),あるいは産出する量は少ないが銀(Ag),銅(Cu),水銀(Hg)など,ごく少数の金属に限られており,多くの金属は他の元素との化合物として存在しています.

つまり,大部分の金属は酸素との化合物である酸化物,硫黄との化合物である硫化物,炭酸との化合物である炭酸塩,けい酸との化合物であるけい酸塩,ひ素との化合物であるひ化物などとして存在しています.これらの化合物から金属を取り出す手法を精錬または冶金といいます.

精錬の基本原理は金属と化合している酸素や硫黄などの元素を取り除くことであり,これを還元と呼んでいます.例えば,鉄は酸素との化合物である酸化鉄を還元することによって得られ,銅は硫黄との化合物である硫化銅を還元することによって得られます.

しかし,実際には同じ酸化物や硫化物であっても,酸素や硫黄との結合力が金属の種類によって大きく異なるので,場合によっては特殊な精錬法が必要になります.例えば,酸化鉄からの酸素は炭素によって容易に除去することができますが,同じ酸化物でも酸化アルミニウム(アルミナ)からは炭素によって酸素は除去できません.

このように,金属と他の元素との結合力(親和力)が精錬に大きく影響しますが,その結合力を酸化物,硫化物,塩化物などの標準生成自由エネルギーから定性的に判断することができ,その値の小さい化合物ほど安定であることを意味し,その金属の還元(精錬)が難しいことになります.表1.2に主な酸化物の標準生成自由エネ

表 1.2 主な金属酸化物の標準生成自由エネルギー
（227℃における ΔF の値）

酸化物	ΔF (kcal/mol)	酸化物	ΔF (kcal/mol)
Ag_2O	−0.6	PbO	−40.5
Cu_2O	−32.7	PbO_2	−43.1
CuO	−27.2	NiO	−46.2
FeO	−55.3	TiO	−112.5
Fe_2O_3	−163.9	BeO	−131.4
SnO	−56.8	SiO_2	−188.0
SnO_2	−114.5	Al_2O_3	−361.9

ルギーを示します．一般には金や銀などの貴金属の還元は容易ですが，アルカリ金属などの卑金属の還元は極めて難しくなります．

このようなことから，実際には，化合物の難易に応じた多くの還元法，つまり精錬法が実施されています．それらは高温度で行う乾式精錬法（乾式冶金法）と，水溶液抽出や電気分解などによる湿式精錬法（湿式冶金法）に大別され，それぞれ次のような方法があります．

(1) 乾式精錬法
① 炭素を還元剤とする方法：酸化物に対する精錬法
例：酸化鉄からの鉄の精錬が代表的であり，すずや鉛にも適用される．
② 水素を還元剤とする方法：酸化物に対する精錬法
例：タングステンやモリブデンの精錬に適用される．
③ 金属を還元剤とする方法：金属の結合力（親和力）の大小を利用する精錬法
例：アルミニウムによる酸化クロムからのクロムの精錬，マグネシウムによる四塩化チタンからのチタニウムの精錬．

(2) 湿式精錬法
① 溶液中で行う精錬法
・金属のイオン化傾向の差を利用する
例：銅イオンを含む溶液からの鉄による金属銅の析出
・電解還元
例：銅の電解還元
② 溶融塩電解法：溶融塩中における電解精錬法
例：氷晶石にアルミナを溶解した溶融塩からの金属アルミニウムの電解精錬

以上のように，金属を得るためにはさまざまな手法がとられますが，その誕生は金属の種類によって異なり，容易に還元されやすい"安産型"と，還元が容易でない"難産型"があるといえます．

1.5 決め手はゾーンメルティング法
──────/金属の高純化/

金属には種々の元素が混じっており，純粋な状態で存在するものは特別な場合を除いてまれです．しかし，半導体産業分野においては不純物を含まない高純度の材料（金属）が必要とされます．

高純度の金属を得るためには蒸留などの化学的方法，電気分解などの電気化学的方法が従来から採用されてきましたが，これらの方法ではせいぜい 99.999%[*10] 程度のものしか得られず，しかも大量生産には向いていません．しかし，半導体分野では 7 ナイン～ 12 ナインの純度のものが大量に要求されるようになり，従来の方法では対応できなくなりました．

[*10] 高純化の度合いは 9 の数で示され，99.999% をファイブナイン，99.999 999 9% をナインナインなどといいます．

ここに，この要求にこたえることのできる金属精製法として帯域溶融法（ゾーンメルティング法）[*11]が考え出されました．この方法は，1953年，プファン[*12]によって創案されたものであり，溶融金属が凝固する際の偏析現象を応用した方法です．つまり，不純物元素の平衡濃度が液相と固相とで異なることを利用する金属高純化法です．

溶融した金属が凝固する過程では，最初に純度の高い金属が析出し，最後に不純物を多く含む金属（合金）が凝固しますが，これが凝固偏析現象です．身近な例では，冷蔵庫で角氷をつくる場合に，製氷容器に接している部分には透明な氷ができるのに対し，中心部は白色になっていることに気づきますが，これは製氷の過程で，最初に純粋な氷が晶出し，最後にガスなどの不純物を含んだ氷が中心部に晶出したものです．帯域溶融法ではこの偏析現象を応用して高純化するものです．その原理は次のようなものです．

いま，A金属に不純物金属Bが混入しており，そのA-B合金の状態図が図1.2であるとします．図において，X成分の合金を溶融状態から冷却すると，温度T_1において最初に晶出する固相S_1はL_1よりもB濃度が小さくなります．そこで，図1.3に示すように，A-B合金の丸棒の一端を溶融し，その溶融帯を上方に移動していけば，B元素は上方に濃縮されて移動するようになります．この操作を何度も繰り返すと，下端部分は高純度の純金属Aに限りなく近づくようになります．溶融するための熱源として，移動するのに便利な高周波加熱法が用いられます．

このように，同一温度における平衡濃度が固相よりも液相で高いような不純物元素は溶融帯に濃化され，溶融帯の移動によって丸棒

[*11] 帯融精製（ゾーンレファイニング）ともいいます．
[*12] W.G. Pfann (1917-1982). アメリカのベル研究所研究員．

の終端に掃き寄せられます．これに対して，平衡濃度が液相よりも固相で高いような不純物元素は溶融帯の液相から固相に掃き出されて始端に濃縮されます．したがって，溶融帯の繰り返し移動を一方向だけに行えば丸棒の中央部分が最も高純化されることになります．

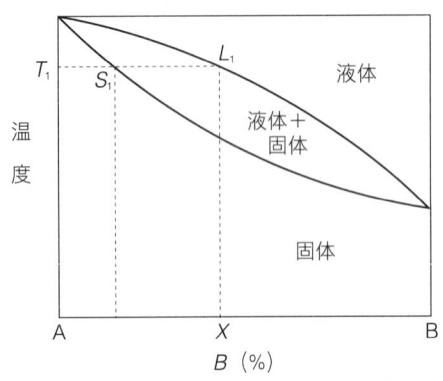

図 1.2 A-B 系二元状態図（全率固溶体型）

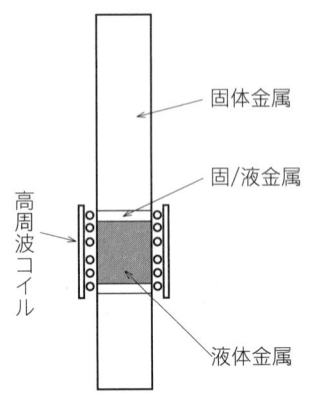

図 1.3 帯域溶融法

帯域溶融法は，シリコンやゲルマニウムなどの半導体用素材の精製に広く応用されており，純度 99.999 999 99%（テンナイン）以上のものが製造可能になっています．

1.6 本性と履歴が一目瞭然 ───────/金属組織/

私たちにはそれぞれ性格が備わっており，各人の人格が形成されています．若いときに苦労を積み重ねてきた人，スポーツに打ち込んで不屈の精神を培ってきた人，勉学にいそしんできた人，などなど，それぞれ特色をもった人間として位置づけられています．

同様に，金属にもそれの生い立ちからの履歴が備わっており，同じ金属や合金であっても加工や熱処理の履歴によってその性質は大きく異なるようになります．例えば，圧延や鍛造のような強加工を受けたもの，焼入れのような厳しい熱処理を受けたもの，あるいは逆に焼なましのように穏やかに処理されたものはそれぞれの性質と特長をもっています．これらの性質と特長は金属の中に秘められている"金属組織"によって支配されています．

したがって，金属や合金の金属組織を観察すると，それが圧延されたものなのか，焼入れされたものなのか，あるいは焼なましされたものなのかが一目瞭然になります．金属組織は多くの結晶粒の集合から成っており，その集合状態，粒内の格子欠陥の量および状態，成分原子の配置状態が金属や合金の性質を変化させます．しかし，金属組織に影響されない性質もあります．

金属や合金の性質が金属組織に影響される場合を組織敏感性質といい，それが金属組織に影響されない場合を組織鈍感性質といいます．すなわち，金属組織に依存する性質と，それに依存しない性質があり，前者には引張強さ，硬さ，クリープ強さ，電気伝導度など

が, 後者には融点, 密度, 熱膨張係数, ヤング率などがあります. 例えば, 鋼を水焼入れすると金属組織は大きく変化してマルテンサイトとなり, 引張強さや硬さが変化しますが, ヤング率はあまり変化しません.

では, 金属組織はどのようにすれば観察することができるのでしょうか. 一般には金属または合金小片の表面を研磨し, 適当な試薬によって食刻し, 顕微鏡で観察します. 金属組織観察工程は, ①試験片の切り出し, ②表面研磨（鏡面仕上げ）, ③食刻（エッチング）, ④観察, となりますが, 中でも③の工程が最も重要であり, 正しい組織が観察できるか否かはこの工程にかかっています. 食刻によって金属組織が観察できるようになる原理を示すと図1.4のようになります.

金属組織は加工条件や熱処理条件によって大きく変化しますが, 逆にその組織を観察することによって, その履歴を知ることができ

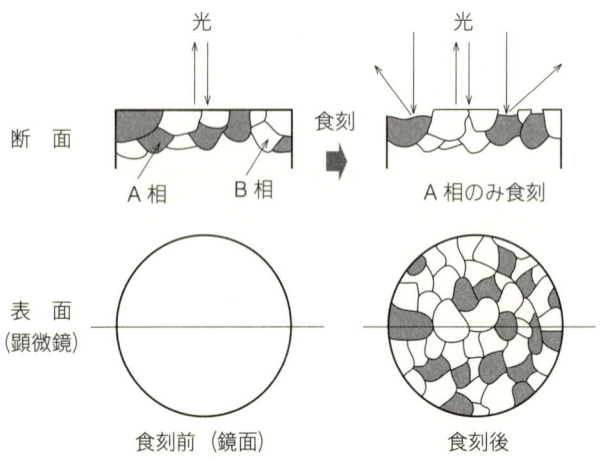

図1.4 金属組織観察法の原理

ます.図 1.5 に黄銅の鋳造状態,圧延加工および熱処理による金属組織の変化を示します.加工を受けたものは加工方向への繊維組織となり,これに熱処理を施したものは再結晶化した大きな結晶粒の組織となります.

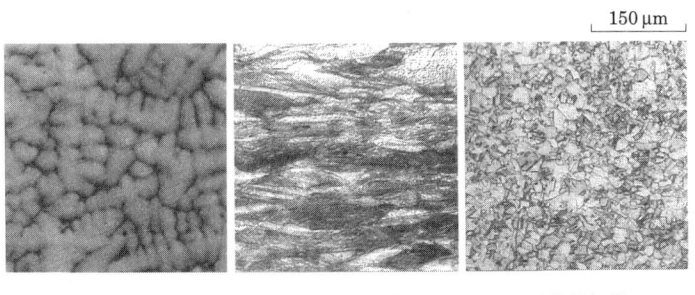

|鋳造組織　　　圧延加工組織　　　再結晶組織|

図 1.5 黄銅(30%Zn)の加工および熱処理による顕微鏡組織の変化

1.7　金属の性質を決める ─────── /*結晶構造*/

金属を始めとして結晶性物質は,構成原子が三次元的に規則正しく配列した結晶構造を形成しています.大部分の金属は,先に図 1.1 に示したように,面心立方格子,体心立方格子,最密六方格子のいずれかの結晶構造に属しており,通常はそれらの微結晶が集合した状態にあります.面心立方格子には銅,アルミニウム,金,ニッケルなどが,体心立方格子には α 鉄,タンタル,クロム,ニオブなどが,最密六方格子にはマグネシウム,亜鉛,α チタニウムなどがそれぞれ属します.

結晶構造は金属の諸性質を大きく左右しますが,特に板や線などに加工する場合の塑性変形(加工性)に大きな影響を及ぼします.

金属の塑性変形はすべり面と呼ばれる特定の結晶面に沿った"すべり"によって起こります．"すべり"を身近な例で示すと，積み重ねられた一束のトランプ札を一端から押せばトランプ札と札との間が滑って変形（崩れ）します．

すべり面は原子密度が最も大きい結晶面であるため，その面と面の間隔が最も大きく，すべりに対する抵抗が最も小さくなります．また，すべり面に沿うすべりは原子の間隔が最も小さい方向に起こり，これをすべり方向といいます．すべり面とすべり方向の組合せをすべり系と呼んでいます．すべり系の数が多い結晶ほど変形しやすくなります．

このような条件を考慮して各結晶構造のすべり系を結晶学的な観点から調べてみると，その数は面心立方格子では 12，体心立方格子では 48，最密六方格子では 3 となります．ただし，体心立方格子では著しく原子密度の大きい面が存在しないためにすべりに要するせん断力が大きくなり，すべり系の数が多いにもかかわらず塑性変形が起こりにくくなります．

結果として，すべり系の数が多い面心立方格子の金属は延性が大きく，塑性変形しやすく，最密六方格子の金属は延性が小さく，結晶方位依存性が大きくなります．体心立方格子の金属では塑性変形に大きなせん断力を要しますが，変形の多様性に富んでいるといえます．

ところで，レントゲン[*13]によって発見された X 線と結晶構造とは深い関わりがあります．X 線はそれが発見されて以来，その本質が何であるかが論じられてきましたが，もし X 線が電磁波だとすれば，光線に特有な反射，屈折，回折などの性質をもっていることが示されなければなりません．当時，光線の回折現象を調べる装置として格子分光器が使用されていましたが，これに X 線を照射し

[*13] W.C. Röntgen (1845–1923)．ドイツの実験物理学者．1901 年，最初のノーベル物理学賞を受賞しました．

ても何の変化も見られませんでした．X線が光線よりもはるかに短波長の電磁波だとすれば，格子分光器の回折格子の線条間隙(かんげき)をさらに微小にしなければなりませんでしたが，そのような精巧な装置の製作は当時としては不可能なことでした．

このような時期に，ドイツの物理学者ラウエ[*14]はX線を回折させるのに最適な"装置"が存在することに気づきました．その装置とは天然の結晶のことであり，その格子間距離はおよそ10^{-8} cmであり，人工の格子分光器の線条間隔が約10^{-4} cm程度であったことに比べれば約1万倍もの精巧な回折格子であるといえます．ラウエはこの方法を用いて，図1.6に示すようなX線によって回折された種々の結晶の干渉像紋様，いわゆるラウエ斑点を撮影することに成功しました．これによってX線の波動的性質が明確にされました．

ラウエによる実験はX線が電磁波の一種であることを証明したばかりでなく，逆にX線によって結晶構造を解析することが可能であることを示唆しました．これを契機として，金属の結晶学的解析は急速な進歩を遂げることになりました．

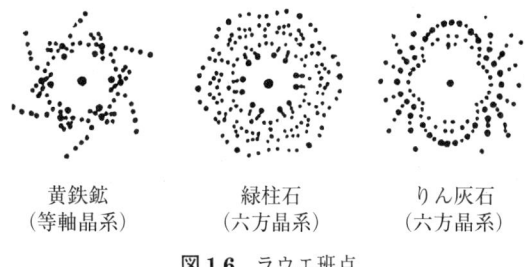

黄鉄鉱　　　緑柱石　　　りん灰石
(等軸晶系)　(六方晶系)　(六方晶系)

図1.6 ラウエ斑点

[*14] M. von Laue (1879–1960). X線および結晶体の研究業績によって，1914年，ノーベル物理学賞を受賞しました．

1.8 結晶質ばかりが金属ではない
——————/アモルファス金属/

アモルファス金属（amorphous metal）[*15]とは結晶相をもたない金属のことであり，一般に非晶質金属と呼ばれています．つまり，金属元素が規則正しい空間格子を形づくらずに集合して形成する固体物資です．ガラスが非晶質を代表していることから，金属ガラス（metallic glass）と呼ばれることもあります．合金がアモルファス状態になることが発見されたのは 1960 年ごろのことであり，その組成は（Fe, Co, Ni）-P 系，（Fe, Co, Ni）-Si 系などでした．

アモルファス金属は，図 1.7 に示すように，通常の金属に見られる規則的な原子配列をもたず，原子配列構造が不規則乱雑になっており，結晶粒や結晶粒界がなく，金属学的な組織もなく，構造が均質等方性に富んでいます．アモルファス金属が従来の金属学では理解しがたい性質と，結晶金属では得がたい材料特性をもっているために，新素材として注目されるようになりました．1960 年，金-シリコン系合金に見いだされ，現在までに，鉄系，アルミニウム系，

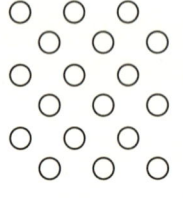
結晶質

非晶質（アモルファス）

図 1.7 金属の原子配列（概念図）

[*15] アモルファスは形（morphé）をもたないという意味（amorphé）を語源としています．

コバルト系，ニッケル系，マグネシウム系など多くの合金系で確認されています．しかし，純金属のアモルファス化はまだ成功していません．

アモルファス金属は次のような方法によってつくられます．
① 溶融金属の急冷凝固法
② めっき法
③ 真空蒸着法
④ スパッタ蒸着法
⑤ 析出法

これらの中で，溶融金属の急冷凝固法が理想的な直接製造技術になっています．この方法は，図1.8に示すように，溶融金属を回転ロール表面上に薄く流し，1秒間に100万℃のオーダで急冷してテープ状に巻き取るものであり，高生産性，高能率などの利点をもっています．また，アモルファス金属は圧延による加工が不可能なもろい組成の合金を箔に加工する方法としても応用されています[*16]．

アモルファス金属はその応用の観点から一般に合金として用いられますが，その特長として，構造的特殊性と化学組成的特殊性とが

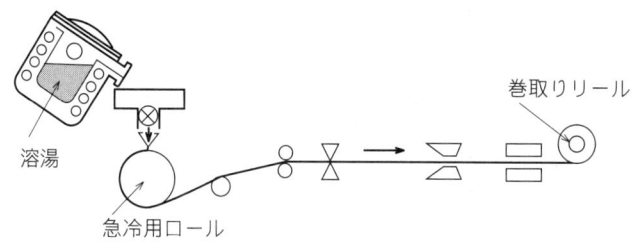

図1.8 アモルファス合金の製法（急冷凝固法）

[*16] 例としてジェットエンジン用タービンブレードの接合（ろう付）に用いられる"ニッケルろう"（Ni-Cr-Si-B系）があります．

あります．構造的特殊性である等方性と均質性は磁性材料として有利であり，またアモルファス金属になるのは限られた化学組成の合金だけであるという化学的特殊性は高耐食性材料として有利な特性です．

アモルファス合金の主な特長として次のことがあげられます．
① 磁気的特性（透磁率が高い，鉄損失が小さい）が優れる．
② 機械的強度が大きい．
③ 熱膨張係数と剛性率の温度係数が小さい．
④ 化学的安定性（耐食性）が大きい．

アモルファス金属は主に次のような分野で応用されています．
① 磁性材料分野……電力用途（変圧器，モータ鉄心）
② 電子部品用途……磁気センサ，テープヘッド
③ ろう付材料分野……ニッケル基ろう材，銅基ろう材
④ 今後期待される分野……高強靱(きょうじん)材料，高耐磨耗性材料，高耐食性材料，触媒材料

アモルファス合金の最も大きな用途は電力用変圧器の鉄心（コアプレート）への応用です．変圧器においては変圧に伴うヒステリシスロス（履歴損失）が問題になり，それが小さいけい素鋼鈑が従来から用いられてきました．鉄-ニッケル系アモルファス合金はけい素鋼鈑をはるかに上回る特性をもつ鉄心材として実用に供されています．

1.9 いろいろ ——————— /金属の色/

色のついている金属，いわゆる有色金属は少なく，純金属では金，銅が，合金では黄銅，丹銅などがあるにすぎません．有色の定義は難しいのですが，ここでは色の三要素である色相，彩度，明度の中の

色相をもつものを有色であるとします．そうすると，大部分の金属は金属光沢といわれる灰白色の鈍い光を放っていることになります．

ところが，本来，色のない金属であっても環境によって色がつくようになります．例えば，鉄が酸化されれば褐色に，ニッケルが塩化物になれば緑色に，チタニウムが窒化物になれば金色になります．つまり，色のない金属であっても，それが置かれる環境のもとで酸化物，塩化物，窒化物などの化合物になることによって色がつくようになります．さらに，酸化されたり窒化されたりする度合いによっても色に違いが生じるようになり，その代表的な例が鉛です．

鉛の新しい切り口には金属光沢がありますが，大気中では短時間で亜酸化鉛（Pb_2O）となるために鈍色になり，これが加熱されると密陀僧と呼ばれる一酸化鉛（PbO）となって黄色になります．さらに加熱されると光明丹とも呼ばれる鉛丹（Pb_3O_4）となって鮮やかな赤色を呈するようになります．鈍い色の代名詞にもなっている鉛が酸化されることによって黄色，橙色，ついには赤色になることは興味のあるところです．

また，同じ環境で同じ程度に酸化された場合であっても，現れる色は金属や酸化物などの種類と状態によって違ってきます．例えば，宝石としてのルビーやサファイアの主成分はアルミナ（Al_2O_3）ですが，ルビーの紅色，サファイアの青色はいずれも微量のクロム，コバルトが存在することによるものです．同様のことはアルミニウムの陽極酸化，つまり，アルマイト処理の場合にも起こり，純アルミニウムを陽極酸化すると白色の皮膜が形成されるのに対して，アルミニウムに微量の亜鉛，鉄，マンガン，クロムなどが存在すると，皮膜が黒色，灰色，紫色，金色になります．

宝石の場合もアルマイト処理の場合も，発色はいずれも微量の元素の存在が決め手となります．

1.10 あいつが一番だとは知らなんだ
────────/金属の特徴/

金属には機械的性質,電気的性質,化学的性質など,いろいろな特徴があります.ここでは,それらの特徴をオリンピックにおける表彰にならって,それぞれの上位三位までの金属をあげてみます.意外な金属が表彰台に上がっていることに驚かされます.

(a) **融点** (℃)[*17]

[高い順]
① タングステン(W)　3 380
② レニウム(Re)　3 180
③ オスミウム(Os)　3 045

[低い順]
① 水銀(Hg)　-38.9
② ガリウム(Ga)　29.7
③ セシウム(Cs)　29.8

(b) **密度** (g/cm^3)

[大きい順]
① オスミウム(Os)　22.5
② イリジウム(Ir)　22.4
③ 白金(Pt)　21.4

[小さい順]
① リチウム(Li)　0.53
② カリウム(K)　0.87
③ ナトリウム(Na)　0.97

(c) **熱膨張率** ($\times 10^{-6}/K$)

[大きい順]
① ストロンチウム(Sr)　100
② セシウム(Cs)　97
③ カリウム(K)　83

[小さい順]
① タングステン(W)　4.5
② モリブデン(Mo)　5.1
③ ゲルマニウム(Ge)　5.8

(d) **電気伝導度** ($\times 10^6/\Omega \cdot m$)

[大きい順]
① 銀(Ag)　62.5

[小さい順]
① マンガン(Mn)　0.63

[*17] 最も融点の高い元素はC(炭素)であり,3 700℃以上です.

| ② 銅 (Cu) | 58.8 | ② ビスマス (Bi) | 0.86 |
| ③ 金 (Au) | 43.5 | ③ 水銀 (Hg) | 1.10 |

(e) **熱伝導率** $(W \cdot m^{-1} \cdot K^{-1})$[18]

[大きい順]　　　　　　　　　　　[小さい順]

① 銀 (Ag)	428	① 水銀 (Hg)	7.8
② 銅 (Cu)	403	② マンガン (Mn)	8.0
③ 金 (Au)	319	③ ビスマス (Bi)	8.2

(f) **引張強さ** (標準値) (MPa)

[大きい順]　　　　　　　　　　　[小さい順]

① ロジウム (Rh)	538	① すず (Sn)	17.0
② タンタル (Ta)	519	② 鉛 (Pb)	17.6
③ マンガン (Mn)	493	③ インジウム (In)	26.5

以上のように，思いもよらない金属が上位に位置しており，身近にある金属で表彰台に上がれないものがあることに驚かされます．そこで，身近な金属の諸性質を表 1.3 にまとめて示します．

表 1.3 主な金属の諸性質（標準値）

金属	融点 (℃)	密度 (g/cm³)	引張強さ (MPa)	硬さ
金	1 063	19.3	130	25 HB *
銀	960.5	10.5	124	26 HV **
銅	1 083	8.93	213	40 HRB ***
白金	1 773	21.4	151	39 HV
鉄	1 535	7.86	216	—
アルミニウム	660	2.69	47	17 HB
すず	232	7.28	17	5.3 HB
亜鉛	419	7.13	118	—

＊ ブリネル硬さ　＊＊ ビッカース硬さ　＊＊＊ ロックウェル B スケール硬さ

[18] 導電性の良い金属は熱伝導性も良い．つまり，金属の電気伝導度と熱伝導との比は同一温度で金属の種類によらず同一の値をもつという経験法則（Wiedemann–Franz の法則）があります．

第2章　やさしい金属学

2.1　物質状態を律する法則 ──────── /相律/

　物質はそれが置かれる条件によって固体，液体，気体の状態に変化します．つまり，固相，液相，気相の三つの相が存在します．例えば，水は温度や圧力の条件によって，固体（氷），液体（水），気体（水蒸気）の状態になりますが，その変化は一つの法則によって支配されています．その法則とは相律（phase rule, Gibbs' phase rule）または相則と呼ばれ，ギブス[*1]によって提唱されたものです．つまり，一つの平衡体系の平衡を破らない範囲において温度や圧力などの外的因子をどれだけ変えることができるのかを示すものです．ギブスの相律は次の式で示されます．

$$f = n - r + 2$$

　ここに，f : 自由度（平衡範囲内で変え得る外的因子の数）
　　　　　n : 成分の数
　　　　　r : 体系中に存在する相の数

　ここで，水の状態について考えてみると，水と水蒸気が平衡を保っている系においては，成分は $n=1$，相は水と水蒸気ですから $r=2$ となり，

$$f = 1 - 2 + 2$$
$$= 1$$

が得られ，自由度が1となります．このことはこの系を破らない

[*1] W. Gibbs (1839–1903)．アメリカの理論物理学者，理論化学者．

範囲では温度または圧力のいずれか一つを変えることができるが,両者を同時に変えることができないことを意味します.もし,両者を同時に変えれば,もはや水と水蒸気が存在する系は破られ,水または水蒸気の一つの相になります.このような系を一変系といいます.

また,氷,水,水蒸気の三つの相が平衡を保つ系においては,$n=1$, $r=3$ですから,

$$f=1-3+2$$
$$=0$$

が得られ,自由度が0となります.つまり,この三つの相が存在する系の平衡を保つためには温度または圧力のいずれの外的因子をも変えることができず,もし,外的因子のいずれかを変えれば,系の平衡が破られることになります.この平衡が保たれる点を水の三重点といい,温度と圧力の関係は図2.1のようになります.このような平衡系を無変系といいます.三重点の圧力 4.58 Torr(611 Pa)より低い範囲では氷と水蒸気の系となり,それより高い圧力範囲で

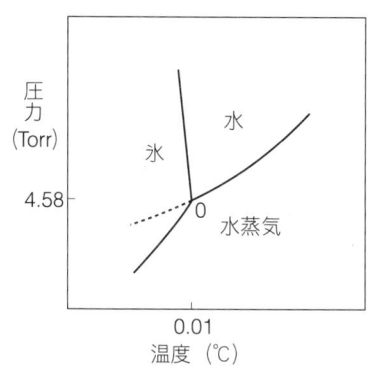

図 2.1 水の三重点

は氷と水,または水と水蒸気の系となります.また,三重点の温度 0.01°C より高い範囲では水と水蒸気の系となり,それより低い温度範囲では氷と水蒸気,または氷と水の系になります.

図 2.1 において,氷,水,水蒸気のそれぞれの相の領域においては,

$$f = 1 - 1 + 2$$
$$= 2$$

となり,温度と圧力を同時に任意に変えてもその相が保たれることになります.このような系を二変系といいます.

このように,物質の状態は相律という一つの法則のもとに変化しますが,相律は金属学,特に合金の状態図に関して重要な役割を果たしています.これに関しては,2.3 節 "状態図" で述べることにします.

なお,純金属および合金を取り扱う場合の環境は圧力が約 1 気圧であり,かつ,わずかの圧力変化は金属の固体や液体の平衡にほとんど影響を与えないので,圧力を変数として考える必要がありません.したがって,その場合は変数の数を一つ減らした次式が適用されます.

$$f = n - r + 1$$

例えば,純金属の場合は $n=1$ ですから,

$$f = 2 - r$$

となり,溶融金属が凝固し始める場合,または固体金属が溶け始める場合のように,固相と液相が共存する場合,すなわち,$r=2$ の場合には $f=0$ となり,温度を自由に変えることが許されなくなります.つまり,純金属は一定の融点をもつことを意味します.

2.2 金属にとっての最大の節目 —————— /融点/

金属の状態や機械的な性質は温度によって大きく影響され，温度が金属のすべてを支配しています．金属が温度から受ける状態変化の最たるものは融解，つまり固体から液体に変化する場合であり，その温度が融点[*2]です．金属の融点を調べることは金属学の基本になっています．

では，金属の融点はどのようにして求められるのでしょうか．金属の融点は，溶融金属をゆっくり放冷したときの時間と温度の関係を示す冷却曲線[*3]から求められます．二元共晶合金におけるそれぞれの成分組成の冷却曲線を図 2.2 に示しますが，純金属 A の場合は ab では相律[*4]における n（成分）は 1，r（相）は 1 であるので，f（自由度）は 1 となり，時間とともに温度が降下します．

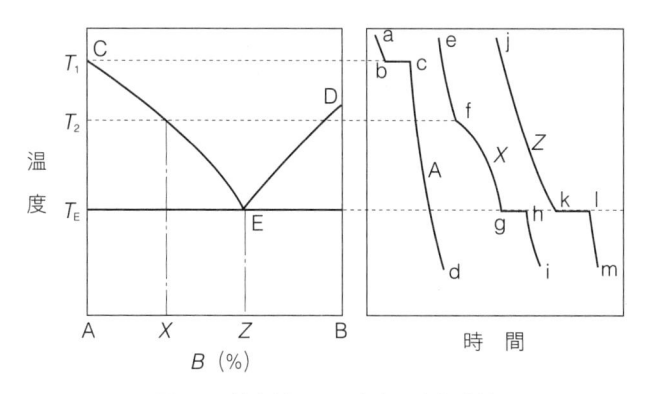

図 2.2 純金属および合金の冷却曲線

[*2] 合金では溶け始める温度（固相線温度）と完全に溶融する温度（液相線温度）が異なる場合があり，前者を融点とします．
[*3] 冷却曲線から金属の凝固過程を調べる方法を熱分析といいます．

bc では凝固するが固相と液相が存在するので r は 2 となり，f は 0 となり，温度は一定になります．このときの温度 T_1 が融点であり，冷却曲線の BC が温度 T_1 の一定の水平線になります．

また，合金については，例えば，図 2.2 において X 組成の合金の冷却曲線は efghi となり，fg の範囲では相律での自由度が $f=1$ で上に凸の曲線になり，gh の範囲では自由度が $f=0$ となり，温度が T_E の一定の水平線になります．また，Z 組成の合金の冷却曲線は jklm となり，同じく温度 T_E で一定の水平線が得られます．

このようにして得られる合金の融点は状態図の作成に不可欠であり，熱分析は重要な融点測定の手段になっています[*5]．

なお，温度を測定する器械は温度計ですが，体積の変化を利用する固体温度計・液体温度計・定圧気体温度計，圧力の変化を利用する定容気体温度計，電気抵抗の変化を利用する抵抗温度計，熱電流の変化を利用する熱電気温度計，輻射エネルギーを利用する輻射高温計・光高温計などがあります．

一方，物質の融点と沸点は一定圧力のもとでは一定なので，温度の定点として利用されます．国際温度目盛の基準として採用されている 17 点の温度定義点があります[*6]．主な定義点は，酸素の三重点：−218.791 6℃，すずの凝固点：231.928℃，アルミニウムの凝固点：660.323℃，銀の凝固点：961.78℃，金の凝固点：

[*4] 金属を対象にする場合の相律は圧力を変数としない $f=n-r+1$ が適用されます．

[*5] 状態図の作成には熱分析のみならず，電気抵抗，磁性，X 線分析，顕微鏡組織などからの検討が必要です．

[*6] ケルビンが定義した熱力学温度目盛を実験室で再現することが困難であるため，国際度量衡委員会では 1948 年以来各温度定点を定義しており，1968 年には大改定を行いました．1989 年に新しい温度標準の体系として 1990 年国際温度目盛（ITS-90）が定められました．

1 064.18℃,銅の凝固点：1 084.62℃などがあります．現在，最も正確に実現することができる温度定義点は水の三重点，つまり氷，水，水蒸気が平衡に共存する温度であり，その温度として0.01℃が定められています．

2.3　合金の素性がすべて分かる ——— /状態図/

　状態図とは，合金や無機化合物混合塩の化学組成と各温度における状態を図示したものです．つまり，ある組成の合金や無機化合物混合塩が，ある温度でどのような状態にあるのかを図示したもので，平衡図または相図[*7]ともいいます．合金を取り扱う場合には状態図からの検討が必須であり，合金と状態図とは切っても切り離せない関係にあります．

　状態図は相律の応用によって描き出されます．図2.3はA, Bの

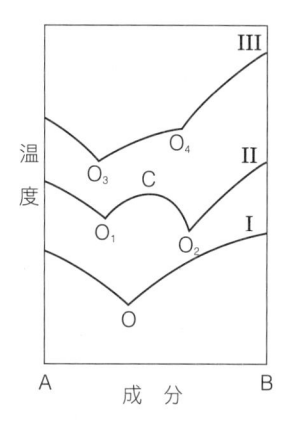

図2.3　二元系の溶解度曲線

[*7] 理学分野では"相図"の語が使用されます．

二元系のものであり,横軸に成分をとれば左端はAのみ,右端はBのみの成分となります.縦軸に温度をとり,各組成の融点を測定し,それを結んで得られる曲線が溶融温度曲線です.この曲線よりも高い温度領域では液体であり,それよりも低い領域では固体です.また,この曲線上の各点はA, B両成分が各温度においてどのような相で平衡状態を保っているかを示しています.

図2.3において,曲線IはA, B両成分の間にいかなる化合物も形成されず,AにBを,またはBにAを加えていけば融点が次第に降下し,いずれの場合もO点に達します.O点はA, B両成分混合物の融点であり,成分組成割合と温度は一定になります.O点を共晶点[*8]といい,その温度を共晶温度といいます.

この曲線上の各点における平衡状態を相律の観点から考えると,ここでは成分2,相2(固相と液相)が存在するので,

$$f = 2 - 2 + 2$$
$$= 2$$

となり,すなわち二変系であり,共晶点Oでは相の数が3となるため一変系となります.

曲線IIはA, B両成分の間に固体の化合物が形成される場合であり,C点は化合物の融点を示し,O_1点およびO_2点はそれぞれAおよびB成分と化合物との共晶点です.C点では成分1,相2ですから,$f = 1 - 2 + 2 = 1$となり,一変系です.

曲線IIIでは,O_4よりもB成分が増えればAとBから成る固体化合物はもはや存在できず他の固相に転移してしまい,その化合物は明瞭な融点を示さなくなります.O_4を転移点といい,この点の平衡は一変系であることは化合物の融点の場合と同様です.O_3は

[*8] 無機化合物混合塩については共融点といいます.

化合物と成分Aとの共晶点です．

次に，合金の状態図について考えてみます．合金の場合も横軸に成分組成を，縦軸に温度をとり，各成分組成の融点を図示したものです．このようにして得られた状態図の例として，二元共晶型の模式図を図2.4に示します．

図において，曲線aE, bE は液相線と呼ばれ，液相から固相を析出し始める温度，または固相が融解し終わる温度です．また，曲線aP, bQ，および直線PEQ は固相線と呼ばれ，液相が固化し終わる温度，または固相が融解し始める温度です．△aPA, △bQB の領域はそれぞれα固溶体，β固溶体と呼ばれ，それぞれAにBが，BにAが固溶したもので，P, Q はその最大固溶限です．いずれの

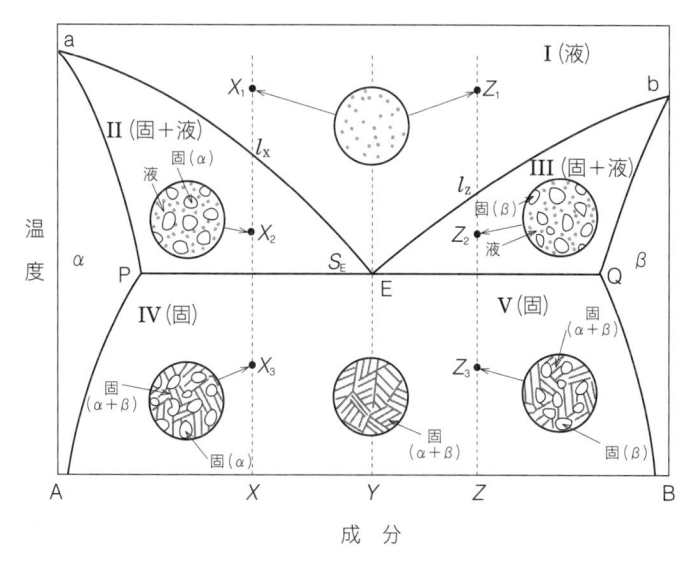

図 2.4 A–B系二元共晶合金の状態図と金属組織

組成においても液相線より高い温度では液体に,固相線より低い温度では固体に,そしてそれらの中間の温度である△aPEと△bQEの領域では液体と固体が共存する半溶融状態になります.

次に,溶融合金の凝固過程を見てみます.図2.4において,Xの組成の合金を完全な溶融状態から温度を下げていくと,まず液相線温度l_xでα相(AにBが溶け込んでいる固溶体)を晶出して固まり始め,温度の降下とともにその量を増し,固相線温度S_Eで凝固を完了します.凝固組織はα相+共晶です.同様に,Zの組成の合金も同じ凝固過程をたどりますが,最初に晶出するのがβ相(BにAが溶け込んでいる固溶体)である点だけが異なります.凝固組織はβ相+共晶です.

これに対して,Yの組成の合金は液相線と固相線がE点で一致しているので,液体から固体への凝固が瞬時に起こり,凝固組織は共晶です.E点を共晶点と呼び,その温度S_Eを共晶温度といいます.

固体の合金を加熱して融解する場合は凝固の逆の過程をたどり,X, Yの組成では固相線温度で溶け始め,液相線温度l_xおよびl_zでそれぞれ完全に溶融します.Yの組成では共晶温度S_Eで瞬時に溶融して液体(溶融合金)になります.X, Y, Z成分の金属組織を図2.4に模式図的に併記します.

このように,合金の状態図は合金組成と温度との関係はもちろんのこと,それの常温における相の状態,すなわち金属組織を推定することができるために,合金の研究には不可欠になっています.

2.4 組成比の妙 ——————————/合金/

金属は合金にすることによって単体では得られない特性が発揮されるため,多くの金属材料は合金として使用されています.日常的

に"鉄"と呼ばれているものは鉄と炭素から成る合金の炭素鋼であり，"アルミサッシ"と呼ばれているものはアルミニウムとマグネシウムやシリコンとの合金です．純金属として使用されるものは半導体としてのゲルマニウムやシリコン，あるいは金箔やアルミフォイルなど，例が限られています．

合金は2種類以上の元素から成っており，その組成比によって特性が異なります．成分元素が二つなら二元合金，三つなら三元合金，四つなら四元合金と呼びます．

合金を金属学的な観点から分類すると固溶体型，共晶型，金属間化合物に大別されます．固溶体は複数の金属原子が一つの結晶格子をつくり，互いに無秩序に溶けあった状態にある合金であり，最も量の多い成分原子を溶媒原子，その他の原子を溶質原子といいます．

固溶体はその結晶構造の立場から，図 2.5 に示すように，二つのタイプに大別されます．一つは，金属結晶の格子の間に比較的小さな原子がもぐりこんでできる侵入型合金であり，他の一つはある金属を順次他の金属と置き換えて得られる置換型合金です．置換型合金は溶媒原子と溶質原子の大きさの差が小さい場合に形成されやすく[*9]，侵入型合金は溶媒原子に比べて溶質原子が著しく小さい場

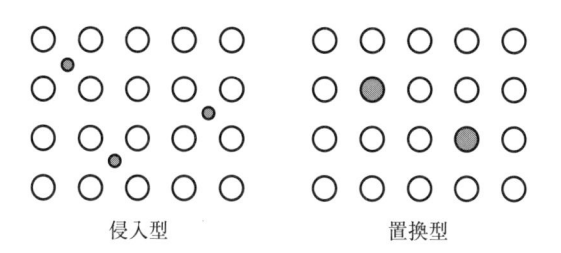

図 2.5 固溶体合金の原子配列

[*9] 金-銀合金，ニッケル-銅合金，ゲルマニウム-シリコン合金など．

合に形成されます*10.

　共晶合金は一様な溶融合金から2種またはそれ以上の種類の固体（固溶体または金属間化合物）が同時に晶出して形成された合金です．2種類または3種類の固体が同時に晶出する系をそれぞれ二元共晶合金，三元共晶合金といいます．共晶型合金は，ある特定の成分組成（共晶組成）で融点が著しく低くなるので，鋳物やはんだとして用いる場合などに都合が良くなります．

　金属間化合物は二元または多元元素から成る化合物であり，その成分原子比は必ずしも化学量論比ではなく，広い組成範囲をもっています．例えば，Cu_6Sn_5, $CuAl_2$, $NiAl$, $MgZn_2$, Cu_5Zn_8 などがあります．

　合金を検討する場合に，合金の状態が成分組成と温度とによってどのように変わるのかを示した平衡状態図を用いると理解しやすくなります．例えば，状態図から合金組成の比率が分かります．図2.6は二元合金の場合として横軸に組成比を，縦軸に温度をとると，

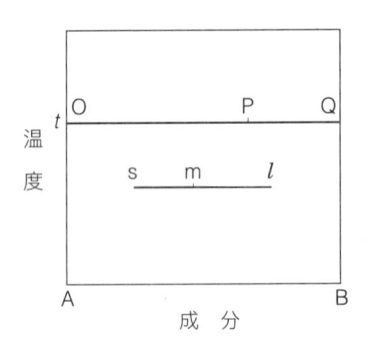

図2.6 二元系合金における"てこの原理"

---

*10 水素，ほう素，炭素，窒素などとの合金．

P点での組成比は，A金属がPQ%，B金属がOP%であり，温度がtであることを示します．また，ある組成の合金が s と l の2相混合物であり，その平均組成が m である場合は，s 相および l 相の質量をそれぞれ W_s, W_l とすれば，

$$W_s : W_l = ml : sm$$

の関係があります．このような関係を"てこの原理"といいます．

てこの原理を実際に状態図で見てみると次のようになります．すず-鉛系二元合金の平衡状態図を図2.7に示しますが，共晶温度183℃においては共晶組成のすずと鉛の比は 61.9 : 38.1（質量比）であり，また，すず40%合金の200℃における固相（α 相）と液相との比は $pl_1 : s_1 p$ となります．つまり，合金組成と，相の種類や量の関係は温度との関係において把握することができ，これは図2.8に示すように，金属組織にも反映されます．

ところで，合金は2種類以上の金属または非金属とから成って

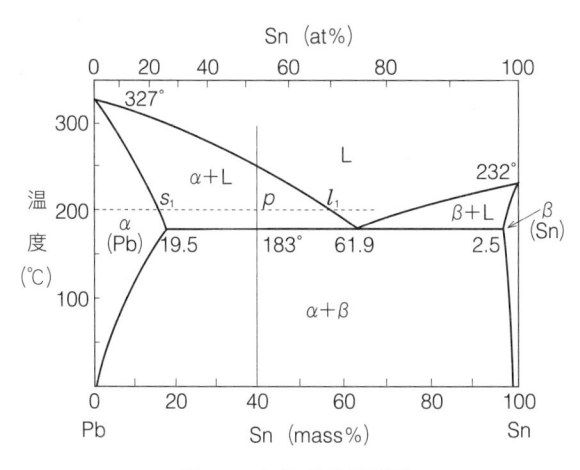

図 2.7 すず-鉛系状態図

おり，その組成比によって特性が異なります．合金は合金元素と成分組成比によって多くの種類がありますが，これまでに見いだされている実用上有用な合金について見てみると，特に，二元合金についてその組成比に意外な共通点があることに気づかされます．ニクロム合金（80Ni/20Cr），白銅（Cu80/Ni20），黄銅（Cu80/Zn20），パーマロイ（Ni80/Fe20），ステンレス鋼（Fe80/Cr20），高けい素アルミニウム合金（Al80/Si20）などの合金は，いずれも組成比が80：20となっています．さらに，金属の低温溶接としてのろう接（ろう付，はんだ付）に用いられる"ろう"と"はんだ"についても同様の組成比の合金が多く使用されています．硬ろうとして

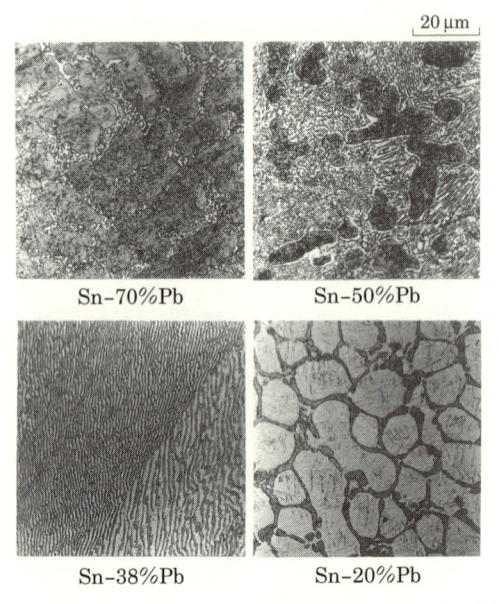

図 2.8 合金における組成と金属組織（すず-鉛系合金）

Au80/Cu20，Ag80/Au20，Au80/Pd20，Ag80/Ge20 などの合金が，はんだとして Sn80/Zn20，Au80/Sn20，Cd80/Zn20，Pb80/Cd20 などの合金があります．いずれも，ろう付とはんだ付における実用上重要な合金（ろう，はんだ）です．二元合金における 80 : 20 は"不思議な比"といえます．

2.5　金属はヘンタイにあらず ────── /変態/

"変態"という言葉は変質者を連想させ，一般社会ではあまりいい感じをもたれない言葉です．しかし，自然科学や工学の分野においては大変重要な現象です．動物が成長の過程で形を変えることも変態と呼ばれ，卵→オタマジャクシ→蛙，毛虫→蝶などがその例であり，大切な生態原理です．水蒸気が冷やされれば水になり，さらに温度が下がれば氷になりますが，これも変態現象です．

生物や水以外における変態とは，ある結晶構造をもつ物質が温度や圧力などの外的因子によって，別の結晶構造をもつ物質に変わる現象です．磁気変態のように必ずしも結晶構造の変化を伴わないものもあります．変態が最も顕著に起こるのは金属としての鉄においてです．動物の変態では蛙→おたまじゃくし→卵のように逆方向には起こりませんが，水や鉄では逆方向の変態も起こります．

さて，溶融状態の純鉄を冷やしていくと，図 2.9 に示すように，1535℃で凝固して結晶構造が体心立方格子のデルタ鉄（δ-Fe）となり，さらに温度を下げていくと 1400℃で面心立方格子のガンマ鉄（γ-Fe）となり，さらに温度が下がって 910℃になると再び体心立方格子となってアルファ鉄（α-Fe）になり，そのまま常温までもたらされます．それぞれの温度で変態が起きたことになります．逆に，常温から温度を上げていく場合にもそれぞれの温度で変

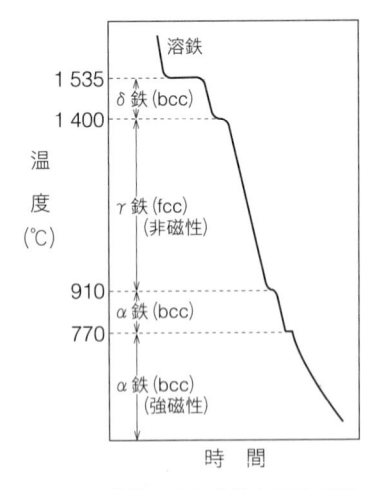

図 2.9 純鉄の冷却曲線と同素変態

態します.

このように,同一の元素が圧力や温度などの外的因子によって結晶格子が変わる現象を同素変態といい,それぞれの単体を同素体と呼びます.アルファ鉄,ガンマ鉄,デルタ鉄はそれぞれ同素体です.

また,炭素を含む鉄合金,いわゆる炭素鋼では冷却の方法によっても別の変態が起こります.ガンマ領域[*11]まで加熱した炭素鋼を急冷するとマルテンサイト変態[*12]が起こり,著しく硬くなります.この現象は焼入れ硬化と呼ばれます.このように,鉄は変態によっていろいろな状態に変身しますが,これは他の金属には見られない現象です.変態によって千変万化する鉄のこのような特長は,工学

[*11] 鉄–炭素系合金におけるガンマ(γ)領域(オーステナイト).
[*12] 原子の拡散を伴わない相変態で,急冷された炭素鋼で最初に見いだされ,発見者である A. Martens (1850–1914) にちなんでこの名がつけられました.

的分野において有効に活用されています.

さらに,同素変態を利用した工学的応用例として,原子燃料であるウラン(U)の処理があります.ウランは次のように複雑な同素変態を起こします.

$$\text{アルファ-ウラン} \underset{668℃}{\rightleftarrows} \text{ベータ-ウラン} \underset{774℃}{\rightleftarrows} \text{ガンマ-ウラン}$$

$$\alpha\text{-U} \qquad\qquad \beta\text{-U} \qquad\qquad \gamma\text{-U}$$

斜方晶 　　　　　　正方晶　　　　　　　体心立方晶

アルファ-ウランを鍛造または圧延加工したウラン棒は集合組織[*13]を形成するために,結晶方向によって熱膨張係数が異なり,熱サイクルによって,もとの長さの数倍にも伸びるようになります.この状態では原子燃料として不都合になります.そこで,ベータ-ウランを加熱して急冷すると,集合組織が除去され,熱サイクルによる変形が減少するようになります.

2.6 マルテンサイト相は強じん ────/焼入れ/

焼入れは,鋼に対する厳しい熱処理の一つです.私たちの日常でも怠けていたり,気がゆるんでいたりすると,長老に"焼を入れてやる"と怒鳴られることがありますが,人間社会における焼入れとは強くこらしめて反省を促すことを意味し,厳しい躾(しつけ)の代名詞にもなっています.

では,金属の焼入れとはどのような熱処理なのでしょうか.高温に加熱した金属材料を水や油の中に沈めて急冷する熱処理が焼入れ

[*13] 圧延や線引加工などによって個々の結晶粒が加工方向に並んで特定の結晶面だけが規則的に配列した組織.9.1節"金属は延びて伸びる"参照.

ですが、同じ焼入れでも鉄鋼に対する場合と銅やアルミニウムなどの非鉄金属材料に対する場合とではその現象が少し異なります。ここでは、鋼の焼入れについて見てみることにします。

一般に、高温に加熱された金属や合金をゆっくりと冷却すると、その過程において状態の変化、例えば同素変態[*14]、共析反応[*15]あるいは固溶度の減少に基づく析出反応などが起こり、それによって常温では安定な状態にもたらされます。しかし、急冷すればこれらの変態や反応が阻止されるため、高温での状態が常温までもたらされ不安定な状態になります。鋼の焼入れはまさにこの変態を阻止することによって硬化させるために行われる熱処理[*16]です。

炭素鋼は鉄と炭素の合金ですが、炭素量と温度によっていろいろな状態になることが図2.10に示す状態図から明らかです。

例えば、0.45%炭素の炭素鋼を約850℃に加熱するとオーステナイトと呼ばれるγ固溶体となり、鉄の中に炭素が一様に溶け込んでいる状態になります。これを徐冷、すなわち、ゆっくり冷やすと約780℃でフェライトと呼ばれるα固溶体が析出し始め、温度の降下とともにその量を増していき、723℃までになると残されたオーステナイトは全部が一気にパーライトと呼ばれるα固溶体とセメンタイト(炭化鉄)の混合物に変化します。これは金属学的にはAr_1変態と呼ばれ、結晶格子の配列がγ型からα型に変化し、固溶している炭素が炭化鉄(セメンタイト、Fe_3C)となって遊離する反応

[*14] 温度、圧力などの外的条件によって同一の物質が異なる結晶構造に変わること。

[*15] 1相の固体状態にある二元系合金が、冷却によって新しい2種の固相に分解する変態。

[*16] 合金によっては焼入れによって軟化するものがあり、20〜30%Snの青銅、10〜20%Alのアルミニウム青銅などがその例です。

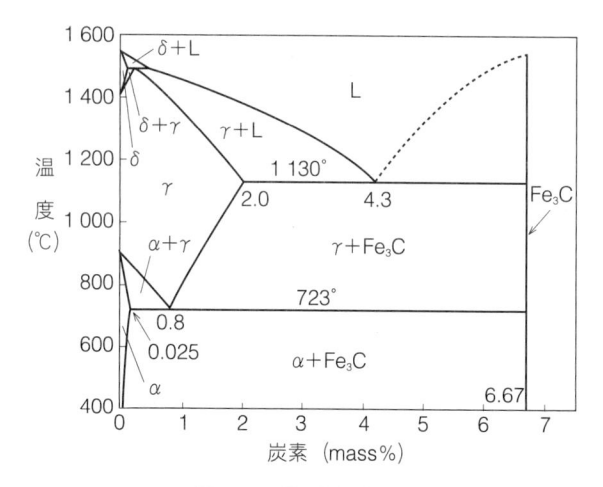

図 2.10 鉄-炭素系状態図

です．このままの状態で常温までもたらされます．したがって，常温においては α 固溶体とパーライトから成る金属組織になります．

ところが，高温のオーステナイト状態から急冷すると，徐冷の場合にたどる過程，つまり Ar_1 変態が阻止され，本来は炭素をほとんど固溶しない α 鉄に炭素が過飽和に固溶した相が得られるようになります．この相はマルテンサイトと呼ばれ，硬さが極めて高い相です．マルテンサイト相が硬くなる理由として，結晶の微細化，固溶炭素原子による鉄結晶格子の強化，急冷による内部応力の発生が考えられています．マルテンサイト相は硬いが，一方においてもろい性質があるため，これを改善するために再加熱する，いわゆる焼戻し処理が行われます．焼入れと焼戻しは常に一対として行われる熱処理であり，これを調質と呼んでいます．

このように，炭素鋼は熱処理を受けることによって，図 2.11 に示すように金属組織が変化し，同時に硬さや引張強さなどの機械的

　　　　　　　　　　　　　　　　　　　　50μm

焼きならし　　　　　　　焼入れ
　　　　　　　　　　　（マルテンサイト）

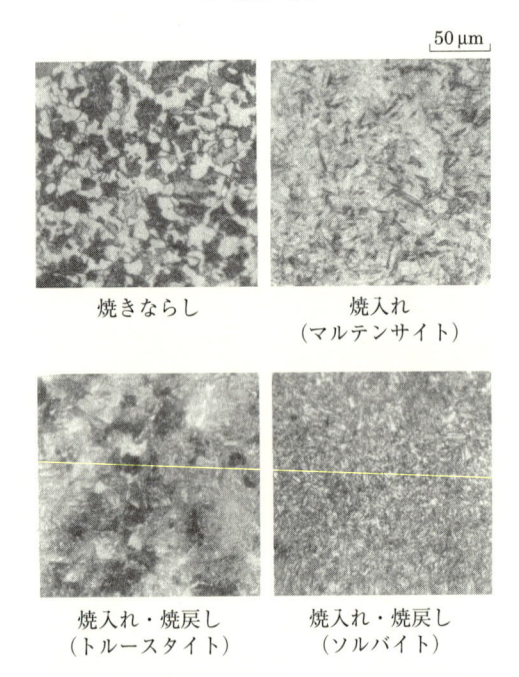

焼入れ・焼戻し　　　　　焼入れ・焼戻し
（トルースタイト）　　　　（ソルバイト）

図 2.11 炭素鋼の熱処理による金属組織の変化

性質が大きく変化します．

2.7　鍛えれば強くなる ─────── /加工硬化/

　針金を折り曲げる場合，最初は簡単に曲がりますが，繰り返し折り曲げると針金がだんだんと硬くなって曲げづらくなることが経験的に知られています．この現象は外力によって折り曲げ部が加工硬化したものです．すなわち，金属が圧延や線引などの加工を受けることによって強さと硬さが増す現象が加工硬化です．刀鍛冶が刀を

鎚でたたいて鍛え上げるのも加工硬化の一つです.

加工硬化現象は転位論という難しい理論から説明されますが，その概要は次のようになります．転位とは金属の結晶の中に存在する線状の原子配列の乱れであり，格子欠陥[*17]の一つです．加工による結晶の変形は，転位が移動することによって起こります．焼なましされた金属結晶に外力が加えられると，つまり加工されると，転位は周囲からの拘束が少ないために，小さな応力でも動き始め，すべり面の中に多くの転位が生み出されます[*18]．加工とともに転位が移動することによって原子空孔，格子間原子などの格子欠陥が形成され，転位は点欠陥に固着され拘束されて動きにくくなり，その結果，新しい転位の発生が阻止されるようになります．ここに，転位と転位，もしくは転位と他の欠陥や粒界などの障害物との相互作用が生じ，それが金属結晶内部にエネルギーとして蓄えられます．それがひずみとなり，結果として硬化現象が現れます．

以上が加工硬化の転位論からの概略の説明ですが，実際に金属は加工によってどれだけ機械的な性質が変化するのでしょうか．加工硬化の例を表 2.1 に示します．加工によって機械的性質がいかに大

表 2.1 圧延加工による強さと伸びの変化

材料	焼なまし状態		圧延加工状態			備考
	引張強さ (MPa)	伸び (%)	加工度 (%)	引張強さ (MPa)	伸び (%)	
軟鋼 (0.07%C)	400	30	95	1 080	5	硬鋼に匹敵
純銅	200	50	50	370	32	黄銅に匹敵
純アルミニウム	100	40	75	150	8	Al-8%Cu 合金に匹敵

[*17] 結晶格子を構成する原子配列の幾何学的な乱れ．点欠陥，線欠陥，面欠陥があり，転位は線欠陥．

[*18] Frank-Read による転位増殖源説．

きく変化するのかがよく分かります.

2.8 金属は生まれ変わる ——————/*再結晶*/

　圧延や線引などの加工を受けた純金属や合金が,ある温度以上に加熱されると,結晶粒界などの格子歪(ひずみ)の大きい場所から新たな小さい結晶粒が生成し,加熱時間とともに成長していきます.この現象は再結晶と呼ばれ,冷間加工した結晶性材料の処理や,多結晶試料から単結晶を得る方法にも利用されます.再結晶化した材料は機械的な性質が著しく減少します.再結晶の進行過程は,図 2.12 に示すように,結晶の核が結晶粒界に沿って生成し,これが成長していきます.

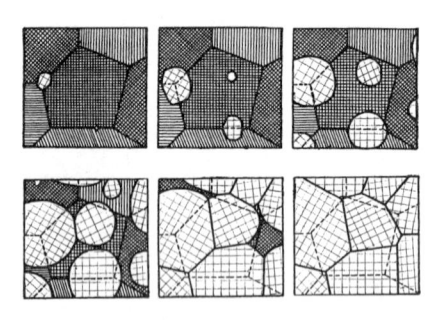

図 2.12 金属の再結晶過程(概念図)

　再結晶は拡散現象と同様に原子の移動を伴うので,アレニウス型の活性化過程を経ることになり,その速度は指数関数的に大きくなり,ある温度で急激に大きくなります.再結晶の速度が急激に大きくなる温度を実用的には再結晶温度と呼んでいます.再結晶温度は材料の純度が高いほど,事前の加工度が大きいほど,また加熱時間が長くなるほど低くなります.

また,再結晶温度は金属の融点とも密接に関係し,金属の融点および再結晶温度をそれぞれ T_m, T_r (絶対温度) とすれば T_r/T_m の値は表2.2に示すように,約0.4となります.表2.2から明らかなように,すず,鉛,亜鉛などは常温よりも低い温度で再結晶が始まり,したがって,常温で既に再結晶していることになります.

表2.2 主な金属の再結晶温度と T_r/T_m

金属	再結晶温度 (°C)	T_r/T_m	金属	再結晶温度 (°C)	T_r/T_m
Au	~200	0.35	Al	150~240	0.46~0.55
Ag	~200	0.38	Zn	7~75	0.40~0.50
Cu	200~230	0.35~0.37	Sn	−7~25	0.53~0.59
Fe	350~450	0.35~0.40	Cd	~7	0.49
Ni	530~660	0.46~0.54	Pb	~−3	0.45
W	~1 200	0.40	Pt	~450	0.35
Ta	~1 000	0.41	Mg	~150	0.45
Mo	~900	0.42			

すずと鉛の合金である"はんだ"(融点183℃)[*19] は常温で既に再結晶しています.金属が"常温"によってこうむる熱的影響はその融点によって大きく異なり,融点が低い金属ほど大きく影響されます.例えば,常温(25℃, 298 K)に置かれたすず-鉛系の共晶はんだは,その融点(183℃, 456 K)に対して絶対温度での比が 298/456=0.65 の状態にあります.

同様のことを鋼について考えると,鋼の融点を1 500℃とすると,絶対温度では1 773 Kとなるので,これの常温に置かれたはんだと同じ状態の温度は1 773 K×0.65=1 152 Kとなり,約880℃で

[*19] 環境問題から鉛の使用が規制されるようになり,今後,鉛を含むはんだの使用が禁止され,鉛を含まない,いわゆる鉛フリーはんだの使用が義務づけられます.

す.880℃という温度は鋼が真っ赤になる温度であり、鋼にとっては厳しい温度です.つまり、はんだが常温に置かれている状態は、鋼にとっては真っ赤に加熱されているのと同じであるといえます.はんだにとって常温は厳しい温度であり、極めて過酷な環境であるといえます.

さらに、はんだが適用されている電子機器の実際の使用においてはその温度が40〜50℃にもなり、自動車の電装機器では100℃近くになることがあります.50℃,100℃の温度条件はすず-鉛系共晶はんだの$0.717T_m$, $0.820T_m$であり、鋼にとっての950℃, 1 180℃に相当します.この温度は鋼が通常の使用にはとても耐えられない環境です.はんだは、電子機器の実稼動において、いかに過酷で厳しい条件にさらされているかが分かります.

2.9 時間の効果 ————————————— /時効/

"時効"とは一定の期間が過ぎたために権利が失われたり、義務を果たさなくてもよくなることであり、"時効にかかる"、"時効が成立する"などのように使用される法律用語の一つです.つまり、時間が経過すると債務者が有利になることを意味し、例えば、品物の借り手は一定の期間が経過すると品物を所持している事実状態が認められてしまうことです.殺人罪のような重罪であっても25年が経過すると時効が成立し、犯人の罪が問われなくなります.

さて、時効は金属工学において、とても重要な現象の一つになっています.金属材料の特性、特に機械的特性が時間の経過とともに変化する現象が時効現象です.時効によって金属材料が硬くなる現象は時効硬化と呼ばれ、金属材料の強化に重要な役割を果たしていますが、その典型的な例はジュラルミンの時効硬化です.ジュラル

ミンは代表的な高力アルミニウム合金であり,航空機を始めとして車両,建築,自動車などにおける軽合金材料として各分野で広く使用されています.

ジュラルミンの組成はアルミニウム,銅,マグネシウム,マンガンであり,ドイツのウィルム[20]が1903〜1911年の研究によって発明したものです.ウィルムは本系合金の研究として鋼の場合と同様に焼入れ[21]によって硬さが増すのではないかと考え,高温から急冷して硬さを調べてみました.結果は予想に反してまったく硬くならず,むしろ柔らかくさえなりました.やはり,アルミニウム合金のような非鉄金属材料は鉄鋼材料と違って焼きが入らないものと,いったんはあきらめかけました.

しかし,念のため,日を置いて再び硬さを測定したところ,当初は硬さ計の故障かと疑ったほど著しく硬さが増していることを発見しました.つまり,焼入れ直後は硬くはなりませんが,時間の経過とともに硬くなる現象,いわゆる時効硬化現象の発見となりました.この現象が発見されたのは今から約100年ほど前の1907年のことです.1回だけであきらめずに,再度硬さ試験を試みるという執念の研究者魂が大発見につながった結果だといえます.

このことが端緒となって,本系アルミニウム合金がなぜ硬くなるのかのメカニズムについて多くの研究者が注目するようになり,時効に関する研究が,鉄鋼の焼入れ硬化とともに合金学上の大テーマとなりました.ジュラルミンの時効硬化のメカニズムが解明されるまでには数十年間の論争が繰り広げられましたが,結果として,焼入れによって得られた過飽和固溶体からの金属間化合物の析出が硬化現象の本質であると結論づけられるようになりました.

---

[20] Alfred Wilm (1869-1937).
[21] 非鉄金属の場合は溶体化処理といいます.

つまり，図 2.13 に示すアルミニウム側の合金状態図において，合金を α 固溶体の温度まで加熱し，これを徐冷すれば S 点で θ 相を析出します．θ 相は $CuAl_2$ の金属間化合物です．しかし，急冷すれば α 固溶体の状態が常温にもたらされ，過飽和状態となり，θ 相を析出して安定な状態に移ろうとして性質の変化，すなわち硬化が起こるようになります．

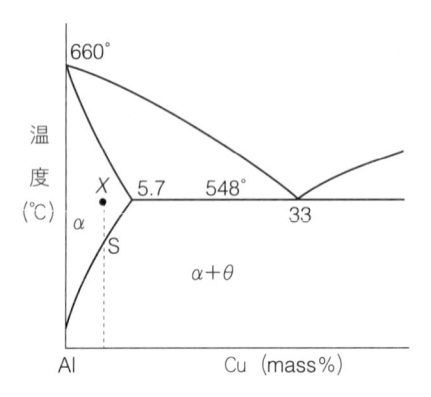

図 2.13 アルミニウム-銅系状態図（アルミニウム側）

析出の初期には硬さは増加しますが，ある時間を過ぎると最大値を経て軟化が起こり，この状態を過時効といいます．これらの変化に伴う微細構造の変化を図 2.14 に模式図的に示します．

ジュラルミンの時効硬化現象が解明されたことによって，それを応用したベリリウム銅（Cu-Be），コルソン合金（Cu-Ni-Si），クロム銅（Cu-Cr）などの時効硬化型合金が開発されるようになりました．ちなみに，"ジュラルミン（duralumin）"はドイツの都市デューレン（Düren）にあったアルミニウムの会社名[*22]とアル

[*22] Dürener Metallwerke A.G. ウィルムが所属していた会社名．

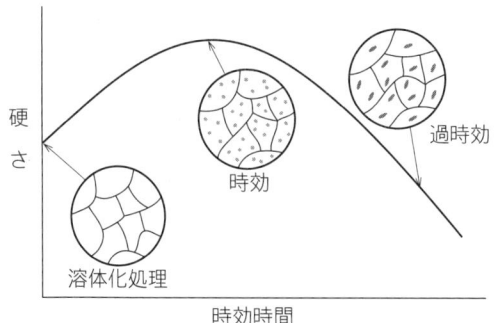

図 2.14 時効による金属組織の変化(概念図)

ミニウム(aluminium)とにちなんで命名されたものです.

このように,金属材料の強化には時効硬化が重要な役割を演じますが,その場合の"時間の長さ"が重要な因子になります.ジュラルミンでは溶体化処理(焼入れ)後,常温で約20時間で最大硬さに達しますが,鉛合金のように数分で時効現象を終了するものもあり,また,黄銅(Cu-Zn)のように数年も時効現象が続く合金もあります.

なお,材料の性質が時間とともに変化する現象を表現する語として,"時効"と"経時変化"が使用されます.ジュラルミンのように時間の経過によって材料の特性が都合の良い方向に変化する場合を時効と呼び,逆に,材料の特性が時間とともに劣化する場合のように都合の悪い方向に変わる場合を経時変化と呼んでいます.

2.10 状態変化解析の基本原理
——————/*活性化エネルギー*/

化学反応を始めとして,拡散,金属の変形(クリープ)などの状

態変化を伴うさまざまな現象においては，しばしば活性化エネルギーが問題になります．物質系が一つの平衡状態から他の平衡状態に移る場合にポテンシャルエネルギーの高い状態を経なければなりませんが，活性化エネルギーとは，その高いポテンシャルエネルギーと最初の平衡状態におけるエネルギーとの差です．

具体的な例を示すと，図 2.15 のように，平面上に縦に立てたマッチ箱のような直方体を回転による横倒しによって安定な状態にするためには，その過程で平面と角が接するために重心の位置が最初の状態のときよりも高くなる状態を必ず経なければなりません．

つまり，最初に縦に立っている平衡状態から横になる安定な状態に移るためには，いったん，高いエネルギーの状態を経なければならないことを意味しています．途中の高いエネルギーの状態を"活性化された状態"といい，この状態のエネルギーと初めの状態のエネルギーとの差が活性化エネルギーです．

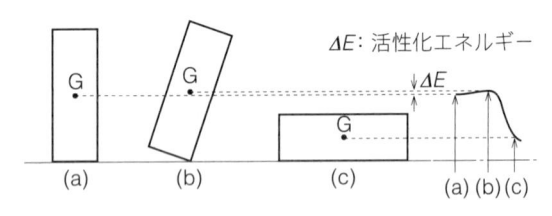

図 2.15 活性化エネルギーの概念図

このような考え方はスウェーデンの化学者アレニウス[*23]によってもたらされ，いわゆるアレニウスの式が提案されています．複雑な反応の解析には，活性化エネルギーを求めることによって反応の律速段階が分かります．活性化エネルギーは反応の起こりやすさの

[*23] S.V. Arrhenius (1859–1927)．スウェーデンの化学者，天文学者．

尺度でもあり，その値が小さいほど反応が起こりやすいことを意味します．状態変化を伴うさまざまな現象についての活性化エネルギー[*24]が求められており，それによって反応の起こりやすさが定性的に判断されます．

ところで，私たち人間が一つのことを達成するためには修行や努力が必要であり，濡れ手で粟の考え方では，実のある目標を達成することができません．目標が高ければ高いほど，それだけ厳しい修行や努力が求められ，目に見えない大きな山を越えなければなりません．一方，修行や努力を要せずに得られた結果は価値あるものとはいえません．ここにも，活性化エネルギーに相当する大自然の根本原理が存在しているように思われます．

2.11 表面に秘められた力 ——————— /表面張力/

すべての固体と液体は表面エネルギーをもっています．物質内の原子の結合状態を模式図的に示すと図2.16のようになります．A

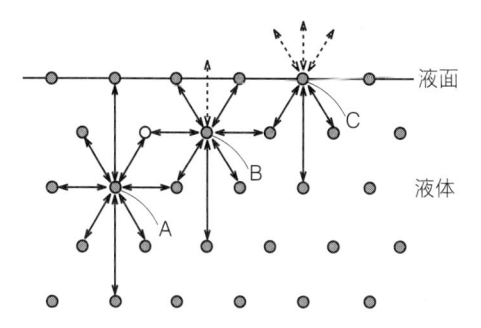

図 2.16 物質内の原子の結合状態（概念図）

[*24] 単位は kcal/mol.

原子とB原子は周囲の原子と等しく結合しているためにエネルギー的に釣り合った状態にありますが，C原子は結合が満たされておらず，エネルギー的にアンバランスの状態にあることが分かります．

このように，固体や液体の表面の原子は内部の原子に比べれば周囲の原子の半数が取り除かれた状態になっているために，その除去に必要なエネルギーに相当するエネルギーが表面に過剰に存在することになります．このエネルギーが表面エネルギーであり，表面が等方的な場合には，単位面積当たりの表面エネルギーは単位長さ当たりに作用する張力（表面張力）と数値的に等しくなります．表面エネルギーの単位はN/m（工学単位はerg/cm^2, dyne/cm）です．

このように，液体や固体の表面は内部よりもエネルギーが高い状態にあり，その表面をできるだけ小さくしようとする性質があります．この現象は分子間の引力に起因するものであり，結果として物質の表面に沿った張力として表すことができ，これを表面張力と呼びます．

表面張力はぬれ，吸着などの現象に深くかかわっており，具体的な例としては接着，はんだ付，印刷，染色，めっき，塗装，潤滑，採鉱（浮遊選鉱）などがあります．はんだ付の例をあげると，はんだ付の原理は溶けたはんだが接合母材に"ぬれる"ことであり，それらの表面張力が深くかかわっています．はんだが銅板にぬれた場合は，図2.17に示すように，はんだの表面張力（γ_l），銅板の表面

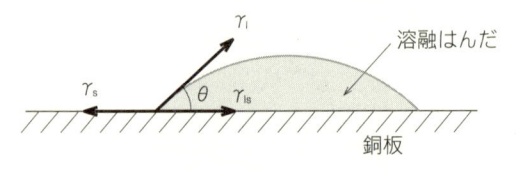

図2.17 はんだのぬれ

張力（γ_s），はんだと銅板の間の界面張力（γ_{ls}）との三つの力の力学的な力の釣り合い条件から，次の関係式（ヤングの式）が得られます．

$$\gamma_s = \gamma_l \cos\theta + \gamma_{ls}$$

　θは接触角と呼ばれ，それが小さいほどはんだのぬれが良くなり，はんだ付性が良くなります．θが小さくなるためには，γ_lの小さなはんだを用いること，γ_sの大きな母材を用いること，γ_{ls}が小さくなるような母材とはんだの組合せにすることであり，それぞれの表面張力が大きな役割を演じることになります．

　さらに，身近な例では，ワックス手入れの行き届いた車のボディは雨水をよくはじくが，手入れの悪い車は一様にぬれる，良く洗ったビールジョッキにはビールがよくぬれて泡立ちが良くなるが，汚れのあるジョッキではビールがはじかれ泡立ちが悪くなります．また，新しく舗装されたアスファルト舗道では雨水が玉になるが，使い古されると一様にぬれる，などがあります．逆に，レストランやビヤホールで出されるコップやジョッキに入っている水やビールのはじき具合によって汚れの程度が分かり，店の洗浄に対する誠意を見抜くことができます．

　さて，話は飛びますが，空いている電車ではたいていの人は，暗示にかかったかのように，競って座席の端に座る傾向がありますが，これも"座席の表面張力"による影響なのでしょうか．空いている座席の真中に座る人もまれにいますが，それは表面張力に引き寄せられるなどというような凡人ではなく，大物だからなのでしょうか．

2.12　金属は燃える ──────── /*酸化*/

　酸素が他の物質と化合する化学反応を"酸化"といいます．酸化

は一般に発熱反応であり，これが急速に進行して高温になり，可燃ガスの発生を伴って炎が発生する現象を"燃焼"といいます．燃焼は物を加熱したり，暖をとったりする場合のように，私たちの日常生活に不可欠な現象ですが，火災などのように危険な現象でもあります．

鉄は大気中に置かれると錆を発生しますが，これは鉄が大気中の酸素と化合する反応であり，自然に行われる緩慢な酸化です．この酸化によって発生する熱はただちに鉄母体に伝導して持ち去られるために鉄母体の温度はほとんど上昇しません．したがって，その酸化速度も加速的に増大することはなく，酸化反応は緩慢に進みます．一般に，酸化反応は温度の上昇とともに加速されます．

これに対して，藁やぼろきれのように熱を伝えにくい物質では，緩慢な酸化によって発生する熱が次第に蓄積されるために温度の上昇がもたらされ，それに伴って酸化速度も大きくなり，ついには燃焼に至ります．これがいわゆる自然燃焼（自然発火）であり，火災を引き起こす原因にもなっています．機械工場などにおいて，油のしみ込んだぼろきれが自然燃焼を起こして火災発生の原因になることはよく知られています．炭鉱において積み重ねられている石炭がしばしば火災を起こすのも同様の理由によるものです．

また，金属の急速な酸化反応，特に粉末状金属と酸素との反応は大きな発熱や閃光を伴い，爆発事故などの原因にもなりますが，一方，アルミニウム粉末の酸化熱が溶接[*25]に応用されたり，マグネシウム粉末の酸化発光が写真用フラッシュとして利用されます．

自然界や化学工業界における酸化は，単に酸素が他の元素と結合

[*25] テルミット法またはゴールドシュミット法と呼ばれ，酸化鉄とアルミニウム粉末との反応による発熱を利用する溶接法．鉄道レールの溶接などに適用されます．

する反応だけでなく,さらに広い意義をもっており,また酸化と還元は表と裏の関係にあります.酸化と還元の一般的意義は次のようになります.

酸化は一義的には酸素との結合反応であり,還元は酸化物からの酸素の除去反応です.酸化は常に発熱反応であり,その進行も速く,時として燃焼の現象を引き起こします.しかし,酸化および還元という化学反応は単に酸素との結合または酸素の除去だけの現象ではなく,さらに広汎な意味をもっています.

(1) 酸 化

酸化は次のいずれかの化学反応が起こる現象です.

① 酸素と直接に結合する反応

例: $Fe + O \rightarrow FeO$

$Sn + 2O \rightarrow SnO_2$

② 水素化合物から水素を奪い取る反応

例: $C_2H_6 \rightarrow C_2H_4 + H_2$

$C_nH_{(2n+2)} \rightarrow nC + (2n+2)H$

③ カチオンの価数を増加またはアニオンの価数を減少する反応

例: $Fe^{2+} \rightarrow Fe^{3+} + e$

$2Cl^- \rightarrow Cl_2 + 2e$

酸化を起こさせる物質を酸化剤と呼び,酸素,酸素化合物(過酸化物など),水素と結合しやすい物質(ハロゲンなど),高原子価のカチオンなどがあります.

(2) 還 元

還元は酸化の逆の化学反応が起こる現象です.つまり,

① 酸化物から酸素を奪い取る反応

② 水素と直接に結合する反応

③ カチオンの価数を減少,またはアニオンの価数を増加する反応

還元を起こさせる物質は還元剤となり,水素,水素化合物(硫化水素など),酸素と結合しやすい物質(一酸化炭素など),低原子価のカチオンなどがあります.

2.13 イオン化傾向が主役を演じる ——— /*腐食*/

金属の腐食とは,それが置かれる腐食環境と化学的または電気化学的に反応し,消耗や機能の低下などの損傷を受けて劣化する現象です.そもそも,金属の多くは地球上で安定に存在していた酸化物や硫化物などの鉱石から多大のエネルギーを費やして酸素や硫黄を除去して得られるものですから,極めて不安定な状態にあるといえます.したがって,置かれる環境によっては元の安定な状態,すなわち酸化物や硫化物に戻ろうとします.これが腐食の本質です.それゆえ,腐食によって金属が失われるということは鉱石から金属を得るために費やされた資源とエネルギーは回収されず,永久に失われることになり,大きな損失になるといえます.

腐食を引き起こす環境,いわゆる腐食環境には液体と気体があります.水溶液による腐食は湿食,高温の腐食性ガスなどの気体との反応による酸化や硫化などは乾食と呼ばれます.腐食が日常生活で問題になるのは多くの場合,湿食です.鉄を酸に漬けてもさびは生じませんが,鉄は酸に溶けて消耗し,これも腐食として取り扱われます.

腐食には大きく分けて二つの形態があります.一つは化学的腐食であり,他の一つは電気化学的腐食です.化学的腐食は,金属自身が置かれた環境の成分と反応して化合物に変わる腐食であり,腐食

の大半がこれに属しています．鉄や銅は湿気の多い環境のもとではそれぞれ鉄さび（酸化鉄）や緑青（塩基性炭酸銅）を生成しますが，これは代表的な化学的腐食です．

電気化学的腐食は，接触している異種の金属または合金がその間の電極電位差に基づいて起こる腐食です．つまり，異種金属または合金をそれぞれ接触させて溶液に浸すと，その溶液中での電極電位の低い方の金属または合金がアノード（陽極）となって溶け出します．この現象はガルバニ腐食または接触腐食と呼ばれます．

電極電位はそれぞれの金属がもっている固有の電気化学的性質ですが，腐食環境（溶液）によって異なるために，異種の金属が接触した場合に，いずれの金属がアノードになるのかはその環境での腐食電位によって異なります．図 2.18 に主な金属および合金の腐食電位列を示します．腐食電位は，金属がイオンになりやすさを示すイオン化傾向と深い関係にあり，イオン化傾向が大きい金属がアノードになります．金属をイオンになりやすい順に並べたものがイオ

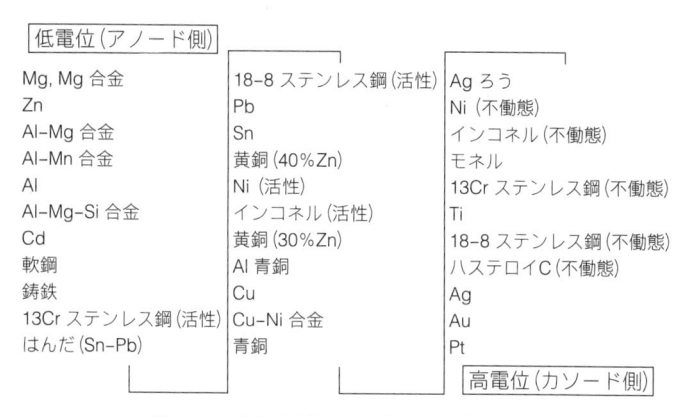

低電位（アノード側）		
Mg, Mg 合金	18-8 ステンレス鋼（活性）	Ag ろう
Zn	Pb	Ni（不働態）
Al-Mg 合金	Sn	インコネル（不働態）
Al-Mn 合金	黄銅（40%Zn）	モネル
Al	Ni（活性）	13Cr ステンレス鋼（不働態）
Al-Mg-Si 合金	インコネル（活性）	Ti
Cd	黄銅（30%Zn）	18-8 ステンレス鋼（不働態）
軟鋼	Al 青銅	ハステロイC（不働態）
鋳鉄	Cu	Ag
13Cr ステンレス鋼（活性）	Cu-Ni 合金	Au
はんだ（Sn-Pb）	青銅	Pt
		高電位（カソード側）

図 2.18 主な金属および合金の腐食電位列

ン化傾向列です．

<イオン化傾向列>[*26]

K, Na, Ca, Mg, Al, Zn, Fe, Ni, Sn, Pb, (H), Cu, Hg, Ag, Pt, Au

これらの2種の金属が接触した場合にアノード側に位置する金属が腐食されます．例えば，アルミニウムとすずが接触している場合にはアルミニウムが，すずと銀が接触している場合にはすずがそれぞれ腐食されます．この現象は金属の防食にも応用され，すずめっき鋼板（ぶりき板），亜鉛めっき鋼板（トタン板）が代表的な例であり，それぞれすず，亜鉛を優先的に腐食させることによって，母材の鋼板の腐食を防止するものです．ただし，金属表面が酸化膜や不働態皮膜で覆われている場合にはイオン化傾向からだけでは判断できません．

電気化学的腐食はめっき製品やはんだ接合部にも見られ，思わぬ腐食が引き起こされます．

2.14 突然の大変身 ——————————/不働態/

不働態とは，金属が本来の状態よりも貴金属的な性質の状態になることです．さらに詳しくは，イオン化傾向列において活性に位置する金属または合金が著しく不活性，または貴金属のような電気化学的挙動を示す状態と定義されます．

具体的には，希硝酸に鉄を浸すと鉄は溶解し，硝酸の濃度の増加とともに溶解速度が大きくなりますが，その濃度が40%を超すと逆に減少し始め，65%の硝酸にはまったく溶解しなくなります．つまり，鉄は希硝酸には溶解するが濃硝酸には溶解せず，濃硝酸に

[*26] 記憶方法 "貸そうかまあ当てにす（る）なひどすぎる借金"

よってその性質が一変させられることを意味します．

不働態は表面だけの現象であり，それには酸素が深くかかわっており，金属が酸化されて不溶性皮膜が形成されると考えられています．鉄の場合は厚さ数十オングストローム[*27]の四三酸化鉄(Fe_3O_4)であることが確認されています．

鉄に見られるこのような現象は，鉄にクロムを合金させることによって加速されることが見いだされ，このことがステンレス鋼開発につながったとされています．硝酸によって不働態になる金属は，鉄のほかに，クロム，ニッケル，モリブデン，チタニウム，ジルコニウムなどがあります．

なお，不働態は硝酸による場合だけでなく，電気分解における陽極金属にも見られます[*28]．

2.15 大敵は環境とストレス ―― /応力腐食割れ/

応力腐食割れとは，特定の腐食環境に置かれた合金が引張応力のもとで引き起こされる時間依存型の脆性(ぜいせい)割れ現象です．例えば，電車やバスのつかまり棒は，現在ではほとんどがステンレス鋼ですが，昔は黄銅が使用されており，使い古されたものには小さな割れがあるのがよく見かけられました．これは握った人の手の汗が腐食環境となって発生した応力腐食割れの一つであると考えられます．

応力腐食割れには，図2.19に示すように，合金組織，腐食環境，引張応力の三つの因子がかかわり，それらが一定の条件を満たしたときにだけ発生する代表的な環境ぜい化です．応力と腐食が同時に作用することが必要条件になっており，応力だけで破壊する場合に

[*27] 長さの単位（Å）．$1 Å = 10^{-10} m = 10^{-8} cm$
[*28] アノード分極．

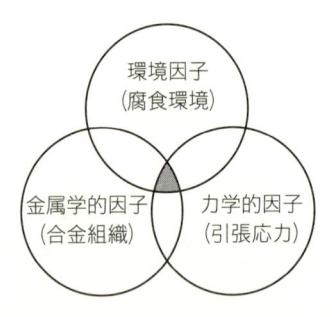

図 2.19 応力腐食割れ誘引因子

比べて,極めて小さな応力や弱い腐食環境でも割れが発生します.しかし,その発生様式は合金の種類と腐食環境状態によって複雑になっています.現在,応力腐食割れに関して一般には次のことが確認されています.

(a) 合金にだけ発生し,純金属には発生しない.

　　現実的にはほとんどの工業用合金はすべて何らかの腐食環境のもとで割れる危険があります.

(b) 割れを発生する腐食環境の種類は合金に特有である.

　　割れを発生する合金と腐食環境の組合せの例
　　・炭素鋼と苛性アルカリ水溶液
　　・18-8 ステンレス鋼と塩化物水溶液
　　・黄銅とアンモニア水溶液

(c) 合金に含まれる微量の不純物が割れ感受性を高める.

　　18-8 ステンレス鋼に対する窒素,りん,モリブデン,また銅に対するりんが知られている.

(d) 熱処理による金属組織の変化が割れ発生の感受性に影響する.

　　熱処理によって粒界に析出した特定の成分が粒界割れの原因になる.

応力腐食割れの例を図 2.20 に示しますが，割れが結晶粒界に沿って進む場合と，結晶粒内を通る場合とがあります．いずれの割れ過程になるのかは合金と腐食環境の組合せによって決まり，わずかな合金組成の変化や腐食環境の条件の変化にも影響されます．

このように，応力腐食割れは複雑な現象であり，その割れ機構についても多数の提案がなされていますが，決め手となる説がないのが実情です．化学プラント配管や原子力発電施設においてはステンレス鋼などの応力腐食割れが重大な事故に結びつくので，その発生機構と防止対策の検討が各方面からなされています．

図 2.20 黄銅製配管継手ナットに発生した応力腐食割れ
(提供：日本銅センター)

2.16　金属には通じない薬石の効 ——— /疲労/

私たちは長い間働き続けると疲れますが，金属材料も長い間使い続けられると疲れてきます．例えば，針金を 1 回だけ折り曲げても破断しませんが，それを何度も繰り返し折り曲げると針金はついには破断してしまいます．これは針金が折り曲げ箇所で疲労破壊したものです．したがって，金属の疲労とは，破壊以下の応力が繰り返し負荷されることによって機械的強さが低下し，破壊する現象と

定義することができます．航空機，原子力発電機，自動車などにおける疲労破壊は人命にもかかわる重大事故になります．

また，現代社会においてはコンピュータを始めとする電子機器が重要な役割を果たしていますが，その電子機器には接合技術としてのはんだ付が必ず適用されています．はんだ付接合部に加熱・冷却が繰り返して負荷されることによって熱疲労が引き起こされます．

はんだ接合部の疲労破壊は電子機器の故障につながり，それによってコントロールされている各種構造体に重大な事故が引き起こされるようになります．このような問題は表にはあまり現れませんが，テレビの火災や自動車の暴走事故などの原因になっていることもあるのです．私たちの肉体的疲労は休息あるいはビタミン剤や強壮剤などによって回復されますが，金属の疲労は休息や投薬による処置によって回復できないだけに厄介な問題です．

疲労に関しては疲労強度，疲労寿命，疲労限度などのいろいろな技術用語があります．疲労強度とは一定回数の周期的応力を負荷した場合に破壊に抗する最大応力であり，疲労寿命とは疲労破壊に至るまでの応力負荷の繰り返し数であり，疲労限度とは無限に繰り返し負荷しても疲労破壊を起こさない応力振幅の最大値です．

疲労現象の解析には図 2.21 に示すような応力と疲労寿命の関係を示す S-N 曲線からの検討が基本になっています．炭素鋼のように疲労限度が存在する材料では，限界繰返し数 N は一般に 10^6 と 10^7 の間にあるので，$N=10^7$ に対する時間強度を疲労限度としています．したがって，疲労限度を求める試験では $N=10^7$ で打ち切るのが普通です．ところが近年，高強度鋼材が 10^7 回以上の 10^8～10^9 回の繰返し数で疲労破壊することが確認され，新たな疲労現象として注目されています．

このように，金属の疲労に関して，多くの材料についての研究が

第 2 章　やさしい金属学　　　　75

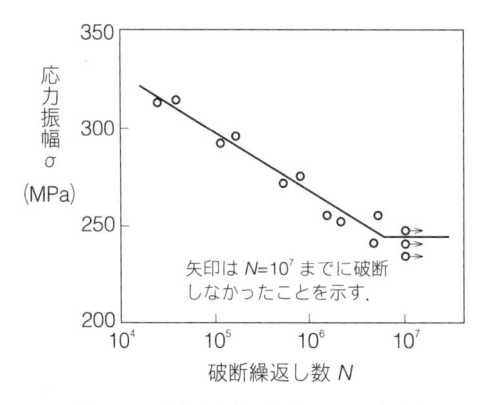

図 2.21　金属疲労における S–N 曲線

(グラフ中：矢印は $N=10^7$ までに破断しなかったことを示す．)

なされており，それに基づいたデータが構造体の建造や機器の生産における安全設計に反映されています．

残念ながら，私たち人間においては，自分自身の疲労強度や，疲労寿命，疲労限度について十分に分かっていません．さらに，人間にとっての疲労は肉体的疲労のみならず精神的疲労も加わるために一層複雑です．もし，人間の疲労のメカニズムが解明されて，疲労強度や，疲労寿命，疲労限度が分かるようになったならば，過労死などの疲労にかかわる事件は起こらなくなるのではないでしょうか．

2.17　ディンプルと劈開(へきかい)――/延性破壊とぜい性破壊/

金属材料は引張りや圧縮などの荷重を受けると変形しますが，その荷重を除くと元の状態に戻る変形と，元に回復しない変形とがあり，前者を弾性変形，後者を塑性変形と呼んでいます．塑性変形がさらに進むと，ついには破壊してしまいます．

金属材料の破壊は構成物が壊れることを意味し，原子力発電所や

航空機の破損事故から身の回りの日用品の破損に至るまで広くかかわっている現象です．金属破壊現象は破壊に至るまでの塑性変形の程度によって，ぜい性破壊と延性破壊に大別されます．破壊形態を模式図的に図 2.22 に示します．

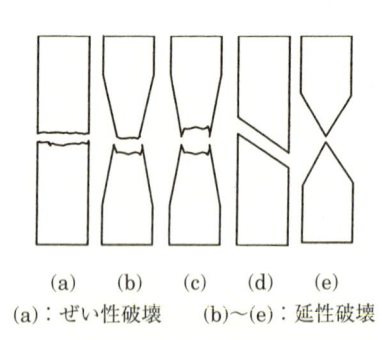

(a)　(b)　(c)　(d)　(e)
(a)：ぜい性破壊　　(b)〜(e)：延性破壊

図 2.22　巨視的破壊形態

ぜい性破壊は破壊に至るまでの塑性変形が極めて小さく，破壊を導く"き裂"が急速に進むことが大きな特徴になっており，その速度は鋼の場合に毎秒 2 000 m にもなります．したがって，破壊が瞬時に起こることから，構造物や機械にとって最も危険な破壊として位置づけられています．かつて，リベットにかわって溶接によって建造された大型のタンカーや鉱石船が厳冬の荒海で真っ二つに破壊するという大事故がしばしば発生しましたが，これは鋼鈑の溶接部がぜい性破壊したことが原因でした[*29]．

これに対して，延性破壊では破壊までに大きな塑性変形が起こり，破壊が一般に過負荷の場合に起こるため，ぜい性破壊に比べて構造物設計において問題が少なくなります．しかし，原子力発電機器の

[*29] わが国ではかつて千葉県野島崎沖で海難事故が相次ぎましたが，1969 年の大型鉱石船ぼりばあ丸の悲惨な大事故が記憶に残っています．

配管のように構造物材全体が塑性変形するような特別な条件のもとでは延性不安定状態になって破壊が引き起こされるために,大きな事故になることがあります.

構造物の破壊が延性破壊によるものなのか,ぜい性破壊によるものなのかは,その破壊面を観察すれば判定することができます.延性破壊面は,ディンプルと呼ばれる小さな多数のくぼみからなっています.これは塑性変形の過程で材料に存在する非金属介在物などの微粒子が起点となってボイドが形成され,それが成長し合体して破壊に至ったことを物語っています.一方,ぜい性破壊は主として金属結晶面を介して起こる破壊であり,その破面は一般に小さな粒状破面を呈しており,これはへき開破面と呼ばれています.延性破壊およびぜい性破壊した引張試験片の破断外観と,シャルピー試験[*30]による試験片破面の例をそれぞれ図 2.23,図 2.24 に示します.

このように,破面を観察することによって,その破壊機構が分かりますが,材料の破断面の観察から破壊機構や破壊原因の解析を行う研究分野はフラクトグラフィ(fractgraphy:破面学)と呼ばれています.

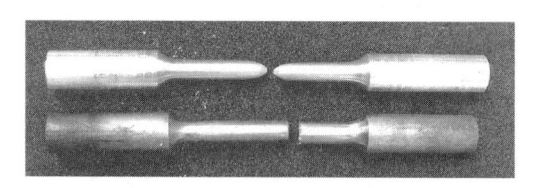

上:純アルミニウム　　下:焼入れ鋼
図 2.23 引張試験片の破断外観

[*30] 材料のじん性評価のための衝撃試験.破壊に要したエネルギーや破面率などを測定します.

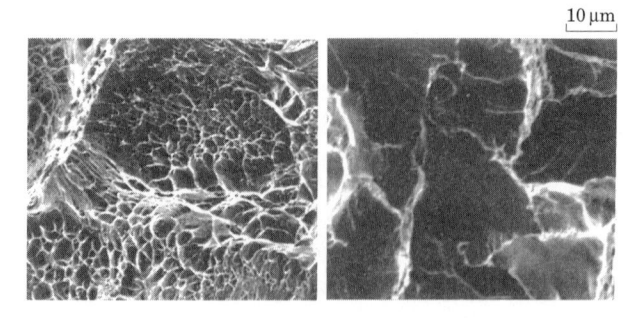

純アルミニウム（ディンプル）　　焼入れ炭素鋼（へき開）

図 2.24　延性破面とぜい性破面
（シャルピー衝撃試験片）

2.18　あまのじゃくの法則——/ルシャトリエの法則/

　他人が言うことやなすことにわざと逆らう人を"あまのじゃく"といいます．あまのじゃくは世間一般には風変わりな人，あるいはつむじ曲がりとして位置づけられていますが，一方においてどこかにユーモラスを醸しだす憎めない人でもあります．

　さて，自然界においては"あまのじゃく"が化学反応や物理現象の根本原理を支配しています．この原理を見いだしたのはルシャトリエ[*31]であり，ルシャトリエの法則（平衡移動の法則），俗に"あまのじゃくの法則"[*32]として知られています．

　この法則は平衡状態にある物質系において，温度や圧力を変化させた場合に，平衡状態がどのように移動するのかを予知する法則で

[*31]　H.L. Le Chatelier (1850–1936)．フランスの化学者．平衡移動の法則以外にも冶金，窯業など広く工業分野にも貢献しました．

[*32]　反抗律ともいいます．

す．つまり，平衡状態にある系に外部から作用を与えることによって起こる変化と，同じ変化が外部からの作用を受けずに可逆的に起こる場合は，後者の変化は外部から与えられた作用と逆の性質を示すとする法則です．別の表現では，一つの平衡系に対して，その平衡を変化させるための影響を与えれば，その平衡状態は与えられた影響を減殺する方向に移動する，といえます．

具体的な例として，AとBを化学反応させてCを生成させる場合，この反応が発熱を伴う反応で，かつCの体積がAとBの体積の合計よりも小さいものとすれば，AとBの反応を促進させてCの生成量を多くするための条件は，発熱を妨げ，かつ体積の減少を妨げることであり，つまり，温度を低くし，加圧することです．

また，ルシャトリエの法則は金属の同素変態現象の説明にも適用されます．同素変態は圧力の影響を受けますが，金属に強圧を負荷すると結晶密度が大きくなる方向に変化し，加えた圧力を除けば，元の状態に戻ります．例えば，すずは白色すずから灰色すずに同素変態（7.3節"金属の伝染病"参照）するときに体積が約25％増加（膨張）しますが，灰色すずに圧力を加えれば白色すずに変化し，圧力を除けば灰色すずに戻ることが確認されています．

さらに身近な例は，水の氷結と氷の融解にも見られます．水は氷結すると体積を増し，逆に氷が溶けると体積が減少します．したがって，氷に圧力を加えると，その圧力の影響を減ずる方向，つまり体積が減る方向に移動するので，氷は体積が小さくなろうとして水になります．このことは氷上でスケートを楽しむ場合にスケーターの体重によって氷が局部的に融解し，スケートと氷の間に形成される薄い水の層が潤滑剤となるためにスケートの滑りがなめらかになることにも表れています．

II 金属の材料

　科学技術発展の根底には常に新しい材料の開発があります．材料にはそれぞれ特性があり，それが最大限に発揮されてこそ価値あるものとなり，それを価値あるものにするか否かはひとえにこの分野に携わる者の技量に委ねられています．それゆえ，材料の特性を真に理解し，その本質を見極めることがとりわけ重要になります．
　一つの材料には一つの天与の特性があります．

第3章 鉄　　　　鋼

3.1 金属の王様 ────────────────── /鉄/

"鉄"という字からは鉄の女，鉄血宰相などに代表されるように冷たさや冷酷さなどが連想されますが，同時に，鉄の意志，鉄壁，鉄の団結などのような強さが思い起こされます．"鉄"には人の心を左右する大きな力が潜んでいるように思われます．

鉄は工業界においては産業基盤を支えている最も重要な工業材料として位置づけられており，またその粗鋼[*1]生産高はその国の経済活動を推し量る指標にもされます．わが国の粗鋼生産高は景気の動向によっても左右されますが，年間当たりおおむね1億トンです[*2]．

鉄は紀元前3000年ごろから使われており，最も古く，また，最も多く使われている金属材料であり，最も用途の広い素材でもあります．ひとくちに鉄といってもいろいろな"鉄"がありますが，一般には含有する炭素（C）量が2%以下の鋼と，それ以上の鋳鉄とに大別されます．

鋼はその炭素量によって低炭素鋼（C：0.3%未満），中炭素鋼（C：0.3〜0.5%），高炭素鋼（C：0.5%以上）に分けられ，さらに，炭素だけを含む普通鋼と，ニッケルやマンガンが多量に添加された

[*1] 連続鋳造や造塊法によって鋳造された半製品としての鋼塊および鋳鋼の総称であり，鉄鋼の生産量を表す統計用語にもなっています．

[*2] 2004年は1億1千万トン．ちなみに，金は161トン，銀は2 450トン，銅は133万トン，アルミニウム（圧延製品）は237万トンでした．

特殊鋼にも分けられます．また，用途から，機械構造用鋼，高張力鋼，低温用鋼，軸受鋼，工具鋼，ばね鋼，耐熱鋼，ステンレス鋼などにも分類されます．

鋳鉄は用途や特性から，高張力鋳鉄，耐磨耗性鋳鉄，耐食鋳鉄，耐熱鋳鉄などに分けられ，さらに，組成や用途の立場から，低合金鋳鋼，耐熱鋳鋼，ステンレス鋳鋼，高マンガン鋳鋼などにも分けられます．

このように，多くの種類の"鉄"があり，現代における工業と産業において鉄が果たしている役割は極めて大きく，鉄なくして現代社会は成り立たないといっても過言ではありません．

ところで，鉄が重要な金属であることが"字"からも分かります．鉄の本来の字は"鐵"です．鐵という字を分解してみますと，金，哉，王となります．

$$鐵 = 金 + 王 + 哉$$

つまり，鐵は金属の主なる哉（鐵は金属の王なるかな）となります．"名は体を表す"の代表的な例のように思われます．

3.2 転炉と平炉 ———— /製鋼/

鉄は人類にとってなくてはならない重要な金属であり，人類は石器にかえて鉄を手に入れるようになって急速な進歩を遂げました．日常用品を始め，船舶，建築，橋梁（きょうりょう），自動車など，ことごとく鉄が用いられていないものはなく，その国の文化は鉄の製造と需要の大きさによって推し量ることができます．

したがって，鉄の製造は各国において大規模に行われており，最も重要な産業に位置づけられています．全世界の鉄（粗鋼）の生産量は約10億トン（2004年）であり，このことからも鉄が現代工

業においていかに重要な材料であるかが分かります．鋼の製造は鉄鉱石から銑鉄を得る鉄冶金と，その銑鉄を精製する製鋼によって行われます．

銑鉄は原料としての赤鉄鉱や磁鉄鉱などの酸化鉄[*3]を高炉[*4]によって還元して得られます．高炉の概略図を図3.1に示します．鉄鉱石をコークス，石灰石などと混合して高炉の上部から投入し，下部の羽口から熱風を送り込んで燃焼させます．

このとき，高炉内の反応は極めて複雑ですが，熱風とコークスとによって生じた一酸化炭素が酸化鉄を還元する化学反応が重要な役割を演じています．この反応は800℃以上の高温で起こるために，炉内の温度を絶えず高温に保持する必要があり，一度火入れした後は連日昼夜作業を継続して温度の降下を防止し，炉が使用に耐えな

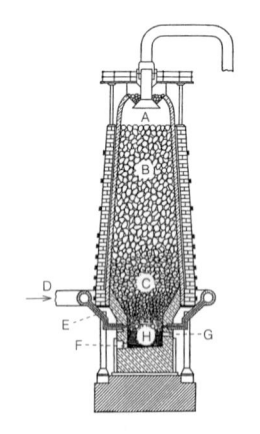

A：鉱石投入口
B〜C：鉄鉱石・コークス・融剤
D：熱ガス・空気
E：空気吹込用管
F：銑鉄取出口
G：溶滓流出口
H：銑鉄

図3.1 高炉の構造

[*3] 赤鉄鉱 Fe_2O_3，磁鉄鉱 Fe_3O_4
[*4] 溶鉱炉ともいいます．

くなるまで休止しないのが原則です[*5].

このようにして得られるのが銑鉄ですが，炭素や不純物を多量含んでいるため，鋳物として使用される場合以外はそのままでは使用されません．

銑鉄からけい素，硫黄，りんなどの不純物を除去して炭素の含有量を 0.5～1.7％に調整した鋼を製造するプロセスが製鋼であり，主にベッセマー法，ジーメンス–マルタン法によって行われます．

ベッセマー法は 1856 年にベッセマー[*6]によって開発された近代製鋼法であり，この発明は製鋼に一大革命をもたらし，世界の経済史と科学史に大きな足跡を残しました．これによって，初めて鋼の大量生産が可能になり，それが社会の工業化に果たした役割ははかり知れません．

この方法は，銑鉄を図 3.2 に示す酸性耐火煉瓦（けい石煉瓦）で裏張りされた転炉と呼ばれるとっくり型の炉に入れ，下部から空気を吹き込んで強く熱し，炭素と不純物を燃焼させることによってそ

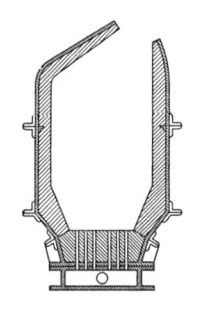

図 3.2 転炉の形状

[*5] 不況などの経済事情によって強制的に停止される場合もあります．
[*6] H. Bessemer (1813–1898). イギリスの発明家．転炉製鋼法のほかにも多くの発明があります．

れらを酸化し，除去するものです．20トン程度の製鋼をわずか20〜30分で行うことができる画期的方法です．

この方法ではりんの除去が困難でしたが，この難点は1887年にトーマス[*7]によって開発された白雲石末裏張り転炉を用いることによって解決されました．除去されたりんは溶滓(ようさい)となりますが，その主成分はりん酸カルシウムであり，りん肥料として使用されます[*8]．

なお，送り込む空気にかえて純酸素を用いるLD転炉法[*9]が1946年に開発され，現在の製鋼法の主流になっています．

ジーメンス−マルタン法[*10]は一種の反射炉である平炉による製鋼法です．銑鉄と屑鉄(くずてつ)(スクラップ)との混合物を発生炉ガスを送りながら高温に加熱し，炭素と不純物を酸化させて除去し，適量の炭素を残して鋼にします．現在では電気アーク炉が多く用いられ，容量100トン以上もの炉が稼動しています．

3.3 幻の鉄 ——————————— /ベータ鉄/

純鉄にはアルファ(α)鉄，ガンマ(γ)鉄，デルタ(δ)鉄の3種の同素体があります．でも，なぜベータ(β)鉄がないのでしょうか．同素体とは同一の元素が，温度や圧力などの外的条件によって，原子配列または結合の仕方が変化した単体であり，その現象を同素変態といいます．酸素とオゾン，黒鉛とダイヤモンドはそれぞれ炭素から成っていますが，結晶構造を異にする同素体です．

[*7] S.G. Thomas (1850–1885).
[*8] トーマス燐肥と称されます．
[*9] オーストリアのLinz, Donawitz製鉄所で開発された製鋼法．
[*10] W. Siemens (1823–1883), P.E. Martin (1824–1915).

第3章　鉄　鋼

さて，純鉄を常温から徐々に温度を上げていくと，電気抵抗，結晶構造，磁気特性，熱膨張率などが770℃，910℃，1 400℃で，突然，増減することが観測されます．純鉄がこのような現象を示すのは，それぞれの温度で同素変態を起こしたことを意味します．

同素体は一般に，温度の低いほうから，$\alpha, \beta, \gamma, \delta, \cdots$，と呼ぶ習慣があります．したがって，純鉄の場合は，－273～770℃をα鉄，770～910℃をβ鉄，910～1 400℃をγ鉄，1 400℃～融点までをδ鉄と呼び，以前にはこの呼び名が使われていました．

しかし，現在，β鉄の名は使用されていません．その理由は770℃の温度は強磁性から常磁性に変化する磁気変態点であり，結晶構造の変化を伴わないからです．つまり，770℃は同素変態温度ではないのです．β鉄は"幻の鉄"といえます．

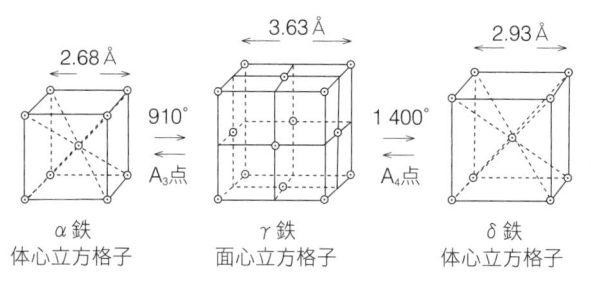

ちなみに，純鉄の結晶構造は，図3.3に示すように，－273～910℃でα鉄の体心立方格子，910～1 400℃でγ鉄の面心立方格子，1 400℃～融点でδ鉄の体心立方格子です．鉄は温度を上げていくと，融解するまでに2回，同素変態を起こすことになります．これらの同素変態は常圧下の場合であり，高圧下での特別な環境のもとでは最密六方晶構造のイプシロン（ε）鉄も存在し，例えば500℃で11 GPa以上の高圧下ではα鉄がε鉄に変態します．

図3.3　純鉄の結晶構造

3.4 さびない金属 ————————————/不銹鋼/

不銹鋼,すなわちステンレス鋼(stainless steel)は,文字どおりさびない鋼です.鉄は日常生活や工業用材料として欠くことのできない重要な金属ですが,さびることが大きな欠点になっています.

鉄は湿気に触れると赤さびを生じ,塩酸のような非酸化性の酸に浸すと溶け出します.ところが,鉄にクロムを固溶させるとさびにくくなり,特に12～13%以上のクロムを固溶させたものは耐食性が著しく良くなります.

タンマン[*11]の耐酸限説によれば鉄-クロム系合金はクロムを1/8 mol%,すなわち13.3質量%以上含めば耐食性が良くなります.そこで,クロムを13%以上添加して不銹性,すなわちさびにくい性質を付与した鉄-クロム系合金鋼をステンレス鋼と呼んでいます.ステンレス鋼は,1913年にイギリスのブリーレイ[*12]によって発明され,同国のトーマスファース[*13]工場の特許になったもので,最初のものは今日の13クロムステンレス鋼でした.

ステンレス鋼には約100種類以上もの多くの種類がありますが,クロムだけを主な合金元素とする鉄-クロム系と,クロムとニッケルを合金元素とする鉄-クロム-ニッケル系とに大別されます.また,それらを金属組織から分類するとマルテンサイト系,フェライト系,オーステナイト系,析出硬化型系に分けられます.

ステンレス鋼の鋼種記号はアメリカのAISI[*14]タイプ番号に準じて3桁の数字で表3.1のように表します.これらのステンレス鋼は

[*11] G. Tammann (1861-1938). ドイツの化学者であり,近代金相学の祖.
[*12] H. Brealey (1871-1948).
[*13] Thomas Firth.
[*14] アメリカ鉄鋼協会 (American Iron and Steel Institute).

表 3.1 ステンレス鋼の鋼種記号

記号	合金系	組織系
2××	Cr-Ni-Mn系	オーステナイト系, オーステナイト・
3××	Cr-Ni系	フェライト系
4××	Cr系	フェライト系, マルテンサイト系
6××	Cr-Ni-X系	析出硬化系

それぞれ特長をもっていますが,中でもオーステナイト系は食器や台所用品から車両,原子炉用に至るまで最も多く使用されており,代表的なものは,いわゆる 18-8 ステンレス鋼（18%クロム,8%ニッケル）です.

また,オーステナイト系はステンレス鋼の中で唯一非磁性であり,したがって,磁石によってフェライト系やマルテンサイト系から識別することができます.しかし,オーステナイト系ステンレス鋼であっても,線や板などに加工されると一部マルテンサイト変態が起こり[*15],結晶格子が面心立方格子から体心立方格子にかわるために磁性を帯びるようになります.

例えば,18-8 ステンレス鋼の薄い板を繰り返し折り曲げると,折り曲げられた箇所が磁石に吸いつくようになります.表 3.2 にステンレス鋼の成分系,金属組織,代表的な鋼種記号,主な用途との関係を示します.

では,ステンレス鋼はなぜさびないのでしょうか.ステンレス鋼がさびにくい性質をもっている大きな理由は,鋼中のクロムが酸化されて鋼の表面に緻密でごく薄い（数十オングストローム）安定な酸化膜（不働態皮膜）を形成し,それが鋼自身を環境から保護するからです.そのため,この不働態皮膜は酸化性の環境,つまり酸素

[*15] マルテンサイト変態誘起塑性

表3.2 ステンレス鋼の分類と用途

組 織 系	合 金 系	主な鋼種	用 途
マルテンサイト系	Fe-Cr(高 C)	SUS 403 SUS 431 SUS 440	刃物, タービンブレード, 船舶用シャフト
フェライト系	Fe-Cr(低 C)	SUS 430 SUS 466	一般機械
オーステナイト系	Fe-Cr-Ni Fe-Cr-Mn	SUS 304 SUS 317 SUS 202	化学機器, 建材
析出硬化型	Fe-Cr-Ni	SUS 630 SUS 631	耐磨耗機械部品

が十分に存在する環境で大変に安定になります.

3.5 世界に誇れる磁石鋼————/*KS 鋼とMK 鋼*/

KS 鋼も MK 鋼もわが国で発明された世界に誇れる磁石鋼です. KS 鋼は 1916 年に東北大学金属材料研究所の本多光太郎博士[16]によって, また MK 鋼は 1932 年に東京大学の三島徳七博士[17]によってそれぞれ開発されたものであり, 当時としては世界最強の磁石鋼でした. これら二つの磁石鋼は成分はもちろんのこと, 製法, 性質, あるいは開発の経緯など種々の点で対比されます.

磁石鋼としては金属学的には焼入れ硬化型と析出硬化型とがあり

---

[16] 本多光太郎(ほんだ こうたろう)(1870-1954). 東北大学金属材料研究所長, 同大学総長を歴任. 1933 年にはさらに強力な磁石鋼として新 KS 磁石鋼を発明しました.

[17] 三島徳七(みしま とくしち)(1893-1975). 元東京大学教授. MK 鋼の発明により文化勲章を受章しました.

ます。つまり，磁石鋼としての磁石特性を焼入れという熱処理によって硬化させて確保するものと，焼入れ，焼戻しによって微細晶相を析出させて確保するものとがあります。焼入れ硬化型は金属組織が不安定で時間の経過に伴って磁性が減少する欠点があるのに対して，析出硬化型は磁性が安定して維持される特長があります。KS鋼は前者に，MK鋼は後者にそれぞれ属します。

成分組成として，KS鋼は鉄-クロム-コバルト-タングステンから成り，MK鋼は鉄-ニッケル-コバルト-アルミニウムから成る合金鋼ですが，後者は原材料が安価な割に磁性が極めて優れているために世界各国で使用されています。

さて，KS鋼とMK鋼の開発にはどのような経緯があったのでしょうか。

KS鋼は，本多光太郎博士を中心として研究室全員が一丸となって，それまで最強の磁石鋼であったタングステン鋼やクロム鋼にまさる磁石鋼の開発研究に取り組み，その結果として得られたものです。つまり，当初から開発研究の目的が明白でした。

これに対してMK鋼の開発経緯は少々異なります。三島徳七博士の当時の研究テーマは耐熱合金鋼に関するものであり，主に鉄-クロム系，鉄-ニッケル系合金鋼について研究していました。金属材料の開発研究には引張強さやクリープ特性などの機械的特性の評価が重要ですが，三島博士の研究室においても耐熱合金鋼の機械的性質についての実験が行われていました。実験には試験片が用いられますが，その試験片を旋盤で作製していた研究室の一人がある"異状"に気づきました。それは切削バイトによって削り出された切り粉（微細金属片）が旋盤やバイトにぺたぺた引っつくという事実でした。この現象は，ある成分組成の合金鋼にだけ認められ，試験片を作る作業を妨げる厄介なものでした。

あるとき，その事実を雑談の折に三島博士に話しました．これを聞いた三島博士の脳裏には，とっさに，この合金鋼は磁石に利用できるのでは，との考えがひらめきました．このことが契機となって急遽（きゅうきょ），研究テーマを磁石鋼の開発に転換し，それが世界最強の磁石鋼の発明につながったのです．

しかし，なぜ，合金鋼それ自身では磁石の性質を示さないのに，旋盤加工によって切り出された切り粉だけが磁石になったのでしょうか．それは，バイトに削り取られる際に発生する摩擦熱が熱処理の役を果たしていたからだと考えられています．

MK鋼の開発は，KS鋼の開発の経緯とは異なり，偶然の事実を発展させた結果として達成されたといえます．MK鋼は合金元素としてアルミニウムを含むことが大きな特長になっていますが，非磁性であるアルミニウムを添加することによって強力な磁石鋼になることは不思議なことであり，合金の妙です．

ところで，KS鋼とMK鋼の名称は何に由来するのでしょうか．KS鋼は本多博士の磁石鋼研究開発に研究費を寄贈した住友財閥の住友吉左衛門（Kichizaemon Sumitomo）の頭文字をとったものです．一方，MK鋼は三島博士自身の頭文字であり，Mは三島（Mishima）の，Kは実家（旧姓）である喜住（Kizumi）の頭文字をとったものであるといわれています．

3.6 精密機器に不可欠なインバーとエリンバー
―――――/不変鋼/

金属および合金は，一般に電気抵抗，熱膨張，弾性率などの諸性質が温度の影響を受けて変化します．この性質は高い精度が要求される測定器や精密機器などにおいては大きな障害になります．一例

をあげると,現在ではあまり見かけられなくなりましたが,ぜんまい式の振子時計では振子を支える懸垂棒の熱膨張特性が重要であり,熱膨張係数が大きければ,その長さが温度によって変化し,振子の周期に影響するようになります.その結果,振子時計やひげぜんまい時計は,季節や室温の変化によって遅れたり進んだりするようになります.ここに,熱膨張や弾性特性が温度に影響されない材料,いわゆる不変鋼(invariable steel)が求められるようになりました.

不変鋼とは,熱膨張や弾性率などの特性が温度変化によって変化しない合金鋼です.合金組成と膨張係数の変化に関する最初の研究は,1861年にカルベット[18]などによって銅-すず,銅-亜鉛系合金についてなされましたが,この分野で最も偉大な業績をあげたのはギョウーム[19]です.

ギョウームは,鉄にニッケルを36.5%添加した合金が常温付近で温度が変化しても長さがほとんど変わらないことを発見し,不変(invariable)の意であるフランス語のアンバー(invar)[20]の名を与えました.現在ではインバーの名で呼ばれます.インバーの熱膨張係数は20℃で$1.2×10^{-6}$/Kであり,炭素鋼の約1/10です.

さらに,1931年に増本量博士[21]は熱膨張係数がインバーの1/10,炭素鋼の1/100である鉄-ニッケル-コバルト系合金の超インバー(スーパーインバー)[22]を発明しました.これらのインバー鋼は各

---

[18] Calvet.
[19] C.E. Guillaume (1861-1938). フランスの実験物理学者. 1920年,ノーベル物理学賞を受賞しました.
[20] フランス語でアンバーと読みます.
[21] 増本 量(ますもと はかる)(1895-1987). 本多光太郎博士に師事し,金属材料の進歩に大きな足跡を残しました.
[22] super invar. Fe-32%Ni-5%Co合金

種測定器,精密計測機器,バイメタル(低膨張側合金)などに多く利用されています.

一方,金属や合金の弾性率や剛性率は温度の上昇とともに減少し,現在ではあまり使用されていませんが,ひげぜんまいを使用した時計では時間が夏に遅れ,冬に進むことになります.

ギョウームは弾性率の温度係数が常温付近でほぼゼロになる鉄−ニッケル−クロム系合金の発明に成功し,これを温度が変わっても弾性が変わらないという意味からエリンバー (elinvar)[23] の名をつけました.その後,増本博士はコバルト−鉄−クロム系合金の弾性率温度係数が正または負になることを発見し,それがちょうどゼロになる組成範囲を求めました.この合金はコバルトを含有していることから,コエリンバー (co-elinvar)[24] と命名されました.

さらに,増本博士はコバルト−鉄−バナジウム系合金にも同様の性質があることを見いだし,これをベリンバー (v-elinvar) と称しました.これらの合金は時計用ひげぜんまい,ぜんまい秤,地震計,圧力計測機器などの重要な材料として用いられています.

なお,インバーとエリンバーの両特性を備えている不変鋼として鉄−ほう素系合金 (Fe-13B) が知られています.

3.7 NG グレード ——— /原子力発電用鋼材/

原子炉は,定常的な連鎖反応による核分裂エネルギーを取り出す装置です.したがって,原子炉を構成する材料が核反応との関連において問題となり,一般の装置に対する材料のように単に機械的性

---

[23] フランス語の elasticite invariable を略したもので,エランバーともいいます.

[24] Fe-58%Co-10%Cr 合金.Fe-26%Co-16%Ni-11%Cr 合金.

質や物理化学的性質からだけの判断で材料を選択するわけにはいきません．その選択基準は適用される材料の核特性によって大きく左右されます．原子炉材料を機能別に分ければ，核燃料，減速材，被覆材，冷却材，制御材，構造材，遮蔽材になりますが，ここでは原子炉本体を構成する構造材について見てみることにします．

原子炉構造材が具備すべき条件として，一般用途の構造材料と同様な機械的性質のほかに，核反応的性質に優れ，耐食性が良いこと，欠陥のない材料であること，溶接性が良いことなどが要求されます．構造材は用途別に燃料容器，圧力容器，コンテナ支持材料，各種導管材料などに大別され，ほとんどが鋼材です．表 3.3 に原子炉における構造用鋼材の使用例を示します．

ところで，原子炉の故障や事故は原子力発電所の例に見られるように甚大な被害をもたらし，大きな社会問題にもなります．したがって，原子炉本体の構造体と，その管理に対する信頼性が何にも増して重要になります．構造体を構成する材料に関しては，特にその性質が吟味されなければなりませんが，原子力関係では材料に特別

表 3.3 原子炉における構造用鋼材の使用例

使用場所	鋼　　　種
燃料容器	321, 347, 348 型ステンレス鋼 低合金 Cr–Mo 鋼
圧力容器 蒸気発生器	ステンレスクラッド鋼 炭素鋼または高張力鋼
冷却系配管 熱交換管	炭素鋼，347 型ステンレス鋼 Cr–Mo 鋼
計測器，制御器用 附属設備	ステンレス鋼，炭素鋼
熱遮断機	炭素鋼，ステンレス鋼
コンテナ	高張力鋼

な等級を設けており,それを NG グレード (nuclear grade) としています.NG (no good) は映画界では撮影に失敗したフィルムを意味しますが,原子炉関係における NG はとても重要な意味をもっています.一例として,SUS 316 ステンレス鋼の一般仕様と NG グレードの成分組成を表 3.4 に示します.

表 3.4 ステンレス鋼 (SUS 316) の一般仕様と NG グレード

	C	Si	Mn	P	S	Ni	Cr	Mo	N
一般仕様	0.08	1.00	2.00	0.045	0.030	10〜14	16〜18	2〜3	—
NG グレード	20*	75**	200**	40*	30*	1 400**	1 800**	300**	12**

* ×1 000　** ×100

このように,原子炉関係においては適用される材料についても特別な配慮がなされており,安全性の確保と信頼性の確立が目指されています.

3.8 灼熱に強い鋼 ———————— /耐熱鋼/

"鋼は強い"といわれますが,高温の環境では機械的な強さが急激に減少します.それゆえ,高い温度でも使用可能な鋼,いわゆる耐熱鋼が求められるようになります.

耐熱鋼は文字どおり熱に耐え得る鋼であり,主な用途は高温・高圧の化学工業,高速内燃機関,冶金および窯業炉構造材などです.したがって,耐熱鋼としては高温における酸化と化学侵食に対する抵抗が大きいことだけでなく,高温における機械的性質,特に高温クリープ[*25] などの特性に優れていることが具備すべき条件になっています.

耐熱鋼は具体的には,約 400〜1 000℃ までの温度範囲で使用可

能な合金鋼であり，高温での引張強さやクリープ強さをクロム，モリブデン，ニオブなどを添加することによって確保しています．すなわち，これらの合金元素による固溶強化あるいはこれら元素の炭化物や窒化物の析出硬化によって高温強度を確保しています．また，高温での酸化を防止するために表面に安定な酸化皮膜を形成させる目的で，クロムと少量のアルミニウム，けい素を添加し，さらにイットリウムやセリウムなども添加する場合があります．

耐熱鋼にはいろいろな成分組成のものがありますが，それの金属組織からステンレス鋼と同様に，フェライト系，オーステナイト系，マルテンサイト系，析出硬化型系に分類され，それぞれ特長があります．

耐熱鋼はボイラ，ガスタービン，ロケット燃焼室，あるいは石油の分解精製，高温水蒸気の作用を受ける装置などに使用され，ほかの材料では耐えることができない高温高圧の過酷な環境で真価を発揮している"頑張り屋"といえます．

3.9 身を捨ててこそ浮かぶ瀬もあれ ── /*快削鋼*/

炭素鋼，特に炭素量の少ない低炭素鋼は粘さがあり，延性に富んでいます．この性質が圧延による板材加工，押出しによる型材加工，線引による線材加工を容易にしています．しかしその反面，粘さと延性の性質が，ドリルによる穴あけや旋盤による切削などの機械加工にマイナスの影響を与えることもあります．つまり，切削面がむしれたり，ばりが発生したりし，仕上がり表面が悪くなります．

---

[25] 一定の荷重を受けている材料の伸びが時間とともに増加していく現象をクリープといい，高温ほど著しくなります．

このようなことから,旋盤などによる機械加工表面が滑らかになるような炭素鋼がつくられており,それを快削鋼(free cutting steel)と呼んでいます.快削性を高めるためには,ある程度の"もろさ"を付与することが必要であり,そのために一般には硫黄,鉛,りん,カルシウムなどの元素が0.1～0.2%程度添加されます.

これらの元素を含む炭素鋼,つまり快削鋼は,図3.4に示すように,旋盤加工によるむしれが発生せず,切り粉(切削くず)がもろいために折れやすく,連続しないために,切削や穴あけなどの作業能率が高まり,かつ旋盤バイトやドリルなどの工具の寿命が延びるようになります.快削鋼は,自動旋盤を用いて精密部品などを大量に連続製造する場合に用いられるところから,自動切削鋼とも呼ばれます.

粘さや延性という鉄がもっている本来の特性を故意に犠牲にすることによって,切削性という別の新しい性質が生み出されます.このことは,鉄が多彩な特性をもっている金属であることの証でもあります.

このような切削性の付与はステンレス鋼や黄銅についても行われ

軟 鋼 　　　　　　　　　　快削鋼

図3.4 旋盤加工による切り粉の形状

ており，それぞれ快削ステンレス鋼（free cutting stainless steel），快削黄銅（free cutting brass）と呼ばれています．

3.10　原理は線香花火 ────────── /火花試験/

　夏の夕涼みの縁台には浴衣姿と線香花火が似合います．線香花火は"こより"に火薬をひねり込んだものであり，わが国に古来から伝わる情緒ある花火です．火薬の主成分は鉄粉であり，鉄粉の成分によって花火の色や模様が変わります．

　線香花火の花火模様は松葉模様と柳葉模様に分けられますが，それらは鉄粉に含まれる炭素量に大きく影響されます．線香花火に点火すると，鉄粉に含まれる炭素が燃えて二酸化炭素が放出されて松葉模様を形成しますが，松葉の数は鉄粉に含まれる炭素量に比例して多くなります．

　炭素量がさらに多くなると，花火の色が赤橙色から赤味が増していきます．線香花火が繰り広げる花火模様は，鉄粉に含まれる炭素量次第といえます．

　さて，炭素鋼の機械的性質は含有する炭素量によって大きく影響されるので，その炭素量を知ることが重要になりますが，それを"火花試験"によって判定することができます．鉄工所の作業現場では，グラインダで削られている炭素鋼から火花が勢いよく流れ出るのが見られますが，これは削られた鉄粉が研削熱で燃えるためであり，いうなれば線香花火と同じ現象です．図3.5に炭素鋼の火花の流れ模様と炭素量との関係を示します．

　このように，火花の流れ状態と色を注意深く観察することによって，グラインダで削られている炭素鋼の炭素含有量を推定することができます．しかし，火花による炭素量の判定は炭素量の増加とと

純鉄

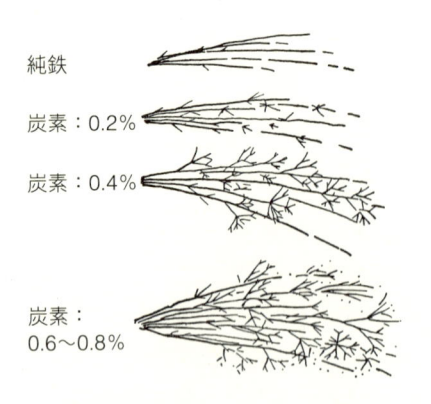

炭素：0.2%

炭素：0.4%

炭素：0.6〜0.8%

図 3.5 炭素鋼の火花の流れ模様

もに難しくなり，それが可能な炭素量はせいぜい 0.5％程度までです．また，火花は炭素量だけでなく鋼の成分，例えばニッケルやクロムなども独特の流れや色を呈するので，合金鋼の種類と成分組成を簡便に見分けることができるようになります．表 3.5 に特殊鋼に含まれる元素の火花の色と形状を示します．この方法は，図 3.6 に示すように，"火花試験方法" として JIS の規格 [26] にもなっています．

---

[26] JIS G 0566（鋼の火花試験方法）

表 3.5 特殊鋼の元素と火花の色

元素	色	長さ (cm)	流れ状態
Ca	淡赤色	1～2	先端が白い小滴となって爆発する
Mn	淡黄色	40～70	先端が明るい剣先状になる
Si	橙色	8～10	漸次終息する
Ni	赤色	8～12	断続と蛍光を伴い，漸次終息する
Co	暗赤色	5～15	漸次終息するが断続することもある
Fe	橙色	90～120	先端が剣先状になる
V	淡黄色	15～20	先端が剣先状で，爆発することもある
Ti	白色	15～30	明るいこん棒状になり，先端が爆発する
Cr	淡赤色	15～40	先端が明るい剣先状となり爆発を伴う
Nb	橙色	25～40	先端がこん棒状となり，爆発を伴う
Mo	橙色	6～12	断続を伴いながら漸次終息する
Ta	赤色	80～100	先端が明るい剣先状になる

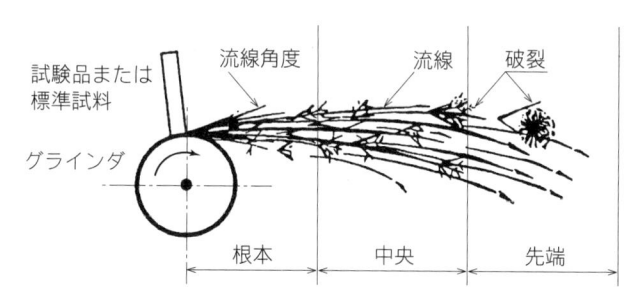

図 3.6 火花試験方法（JIS G 0566）

第4章 銅および銅合金

4.1 非鉄金属の女王 ──────── /銅/

　銅は最も古くから使用されている金属の一つであり，紀元前440年のエジプト王朝の古墳から副葬品として銅製の玉や線などが発見されており，また，中国の経書にも銅に関する記述があります．銅は古代から現代まで最も多量に，また，最も広く使用されてきた非鉄金属です．鉄が金属の王なら，銅は非鉄金属の女王といえます．

　銅の特長として，導電性および熱伝導が良い，大気，海水，弱酸およびアルカリなどに対する化学的抵抗が大きい，塑性加工が容易であることがあげられます．銅の全需要のうち50％以上は，電気工業用の線，棒，板，管などに加工され，具体的には電気機器の導体配線や送電線，配電線，トロリー線などに使用されています．

　銅冶金の一般的な方法は，黄銅鉱のような硫化銅鉱石を溶鉱炉で溶融し，マットと呼ばれる銅成分の多い硫化物融体をつくり，これを転炉によって粗銅にするというものです．粗銅には不純物が多く含まれているので，その精製にはもっぱら電解精錬法が適用されます．すなわち，硫酸銅溶液中で粗銅を陽極，純銅を陰極として電解し，陰極に析出する電気銅を得る方法です．この電解によって粗銅に含まれていた少量の金や銀は電解槽の底に陽極泥となって沈下しますが，これを集めて灰吹法[*1]によって金や銀を取り出します．

[*1] 骨灰を圧搾してつくった小皿に金，銀を含有する陽極泥を入れ，炉中で強熱します．これによって金，銀以外の金属は溶融して骨灰皿に吸収され，金，銀のみが残ります．

さて，銅の最大の特長である高い導電性は電気・電子工業分野で活用されますが，それは酸素や不純物の含有量によって影響されます．

したがって，精錬銅とするために，電気銅を反射炉などで溶解し，まず酸化処理によって硫黄を除去し，次いで過剰な酸素を松丸太などの投入で還元し[*2]，酸素含有量が0.02～0.04%になるまで脱酸します．しかし，酸素は酸化銅となって結晶粒界に存在するため，圧延や伸銅などの加工性が悪くなり，また高温の水素雰囲気中では水素ぜい性[*3]の原因にもなります．

酸素を酸化銅とならない量まで減らした銅は，いわゆる無酸素銅であり，真空溶解法によるか，還元性雰囲気中での溶解によって製造されます．酸素含有量を0.03～0.005%程度にした無酸素銅はOFHC銅[*4]と呼ばれます．OFHC銅は，最高の導電性と耐水素ぜい性が要求される分野で要求され，真空機器や電子部品材料などの信頼性が求められる用途に適しています．酸素を含まない同様の銅としてりん，けい素，マンガンなどで脱酸した，いわゆる脱酸銅があります．この銅は水素ぜい性を起こしませんが，微量(約0.01%)の脱酸剤が残存するため，導電率が低下し加工性が悪くなります．

不純物が導電率に及ぼす影響として，銅と固溶体を形成するような不純物が導電率を著しく低下させることがありますが，これに酸素が共存する場合には導電率が改善されます．その理由は，不純物が酸化物となって析出するためです．導電率の低下は不純物の種類

[*2] この操作をポーリング（poling，松入れ）と呼びます．
[*3] 酸化銅は，600℃以上で水素と反応して高圧の水蒸気を発生し，それによって割れが発生します．水素病ともいいます．
[*4] oxygen free high conductivity copper の略．アメリカのV.S. Metal Ref. Co. の製造によります．

によって異なり、図 4.1 に示すように、けい素、りん、鉄が悪い影響を与えます。このほかにひ素もあげられます。

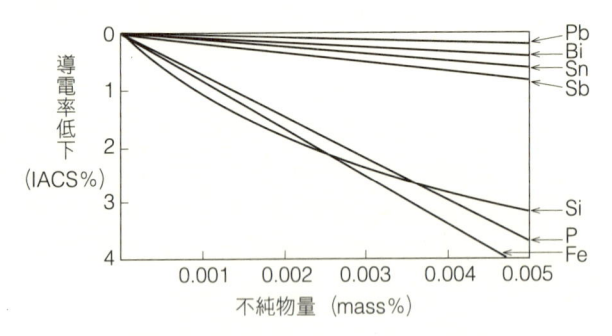

図 4.1 銅の導電率に及ぼす不純物の影響

4.2 お寺の梵鐘とチャペルのベル ——— /*青銅*/

お寺には梵鐘、チャペル（礼拝堂）にはベルがあり、それぞれのシンボルとなっています。梵鐘とベルの音色には大きな違いがあり、梵鐘が"ゴオ～ン"と荘厳な響きを出すのに対して、ベルは"カラン　カラ～ン"と軽やかな音色を出します。この違いはどこから生じるのでしょうか。

"かね"の音色はその形、大きさ、重量などさまざまな因子によって影響されますが、最も大きく影響するのは素材としての合金組成です。

"かね"は銅とすずの合金である青銅からできていますが、すずの量がその特性、特に硬さに大きく影響し、それが15％を超えると著しく硬くなり、もろくなります。金属組織学的にはすずが15％以下の青銅は α 相の単一相であり、15～30％では $(\alpha+\varepsilon)$ 相と

なります．α相は粘い性質であるのに対して，金属間化合物であるε相（Cu_3Sn）を含む($α+ε$)相は，硬くてもろい性質をもっています．

したがって，これらの二つの青銅をたたいた場合は，粘いα相は鈍い音を出し，硬い($α+ε$)相はかん高い音を出すようになります．

日本を始めとして，東洋の梵鐘にはすずが約8～12%であるα相の青銅が多く用いられており，西洋のベルにはすずが約20%である($α+ε$)相の青銅が使用されています．このような理由から，お寺の梵鐘は"ゴオ～ン"と低音に響き，チャペルのベルは"カランカラ～ン"とかん高く響くことになります．

ちなみに，わが国の寺には多くの梵鐘がありますが，寛永13（1636）年に鋳造された重さ約60トンの京都知恩院の大梵鐘は，古来から形，音色ともに比類なき名梵鐘とされています．

東洋と西洋とでそれぞれ音色の異なる"かね"が愛用されているのは，東洋人がお寺に対して抱く想いと，西洋人がチャペルに対して抱く想いが，風土に育まれた民族性によって異なるからなのでしょうか．

4.3　百面相の合金　　　　　　　　　　　　/黄銅/

黄銅[*5]は，銅を主成分とする銅–亜鉛系合金およびこれに他元素が添加された合金の総称です．

黄銅の歴史は古く，約2500年前のギリシャ時代の遺物の中にも発見されており，その後のローマ時代には貨幣の素材に使用されていたことが分かっています．もっとも，この時代の黄銅は銅鉱石と

[*5] 真鍮（しんちゅう）とも呼ばれますが，学術用語としては黄銅が定められています．

亜鉛鉱石とを混ぜてつくられたものであり，現在のように単体の金属銅と亜鉛を溶融して黄銅を製造するようになったのは1520年に金属亜鉛が見いだされた以後のことです．

黄銅は，鋳造や塑性加工が容易であり，機械的性質と化学的性質に優れ，青銅に比べて安価であることから，銅合金の中で最も広く利用されている合金になっています．

黄銅に含まれる亜鉛量は約40%までであり，亜鉛含有量の低い合金は美術工芸品や装飾品に使用され，日用品や工業用としては亜鉛量30～40%の合金が最も多く利用されており，板，棒，管，線などの加工材あるいは鋳物として利用されています．

さて，黄銅は含まれる亜鉛量によって，その特性が著しく異なるため，それぞれの合金に名前がつけられており，いくつもの"顔"をもっています．黄銅は亜鉛だけを含有する普通黄銅と，これに第3元素を添加した特殊黄銅に大別されます．主な黄銅の種類，名前と特性の概略は次のとおりです．

(a) 5%亜鉛黄銅（gilding metal）……貨幣，メダル
(b) 10%亜鉛黄銅（commercial bronze）……絞り加工品，金ボタン，模造金箔
(c) 15%亜鉛黄銅（red brass）……建築金具，ファスナ，ソケット
(d) 20%亜鉛黄銅（tombac）……装飾用金具，楽器[6]，フレキシブルホース
(e) 30%亜鉛黄銅（cartridge brass, high brass）……ラジエータ用フィン，装飾品，各種日用品
(f) 35%亜鉛黄銅……深絞り加工品

---

[6] 吹奏楽団はブラスバンド（brass band）と呼ばれますが，その吹奏楽器のほとんどがブラス（黄銅）でできていることに由来します．

(g) 40%亜鉛黄銅（muntz metal, low brass）……ボルト，ナット，復水器用板，熱交換器用管
(h) すず入り黄銅（admiralty metal, naval brass）……船舶用部品，蒸発器，熱交換器用管
(i) アルミニウム入り黄銅［SNB (super naval brass, albrac)］……復水器管
(j) ニッケル入り黄銅［NM bronze（三菱），CAZ（古河）］……船舶用機器，鉱山機器，弁，水圧筒

このように黄銅がいろいろな名前をもっているということは，この合金が最も身近で親しみのある合金であることを意味し，かつ利用価値の高い合金であることの証でもあります．

黄銅は亜鉛の含有量によって金属組織を異にしますが，金属組織学的には38%以下の合金は常温では単相組織となるのでα黄銅と呼ばれ，それを超えると$(\alpha+\beta)$黄銅となります．それによって機械的性質や化学的性質，電気的性質が違ってきますが，実用合金の代表はZnが30%，35%，40%のものであり，それぞれ70/30黄銅，65/35黄銅，60/40黄銅のように呼ばれます．

金属材料業界では70/30黄銅を七三黄銅と呼びますが，60/40黄銅は六四黄銅と呼ばずに，四六の黄銅と呼んでいます．その理由は単に"語呂"の関係からです．

4.4 似て非なる銀 ——————————— /洋銀/

銅-ニッケル-亜鉛系合金は銀白色を呈することから，洋銀，ニッケルシルバー，または洋白と呼ばれます[*7]．一般的な組成は銅45～65%，ニッケル6～35%，亜鉛15～35%です．耐食性と光沢に優れていることから，食器，装飾品，医療器具などに用いられ，ま

た，冷間加工と熱処理によってばね特性が著しく向上するので，電子機器用ばねや温度調節用バイメタルなどの工業材料としても広く使用されています．

洋食にはナイフ，フォーク，スプーンが付き物ですが，西洋の王朝時代の貴族たちは銀のフォーク，銀のナイフ，銀のスプーンを使用していたに違いありません．しかし，一般庶民にとって銀製食器類はまさに高嶺の華であり，もっぱら黄銅製のものが使用され，せいぜいそれに銀めっきが施されていたにすぎなかったと思われます．わが国においても同様であり，特に戦後の物資不足の時代には黄銅の食器が主流でした．めっきがはがれて黄銅がむき出しになっている食器ほど嫌な気分にされたものはありませんでした．

やがて，世の中が安定し，希少金属であるニッケルが安定して生産されるようになると，銀色の食器，いわゆる洋銀が使用されるようになり，食卓に華やかさがもたらされました．今日でも洋銀の食器を目にすることができますが，それには必ず Nickel Silver の文字が刻印されており，銀製食器の雰囲気が醸し出されています．

時代がさらに過ぎると，食器はほとんどが洋銀に変わってステンレス製になり，現在に至っています．ステンレス製食器は耐食性，強度，装飾性において抜群の特性をもっており，機能性を最重要視する現代社会における申し子であるといえます．

[*7] 18世紀ころヨーロッパに中国（支那）から pakhong（白銅）としてもたらされ，その後ドイツで製造され Neu silber と称され，イギリスでは German silver と呼ばれていました．しかし，第一次世界大戦後は，かつて敵国であった German の名が嫌われて Nickel silver と呼ばれるようになりました．

4.5 悪貨は良貨を駆逐する ────── /貨幣合金/

貨幣とは,最初は交換の仲立ちとして考え出されたもので,支払いの手段や価値の標準とされるものであり,硬貨と紙幣があります.紙幣が使われたのは長い貨幣の歴史からすればごく最近のことであり,最初の貨幣は硬貨でした.硬貨には,金貨,銀貨,銅貨(銅合金),ニッケル硬貨,アルミニウム硬貨などがありますが,最初に使用された硬貨は銅合金硬貨であり,現在でも最も多く使用されています.

硬貨がこの世に登場したのは古代中国であるといわれており,わが国では和銅元年(708年),元明天皇の時代につくられた"和銅開珎"[*8]が最初の貨幣であるとされています.最初は銅銭と銀銭が発行されましたが,銀銭は和銅2年に廃止されました.和銅開珎は全国数箇所で鋳造されましたが,周防,山城などにその遺跡が発見されています.銅銭の表面には,和銅開珎ではなく和同開珎の文字がしるされています.

当時の硬貨は鋳造によってつくられており,現在のようなプレス加工による硬貨は,明治元年(1868年)にイギリスから近代設備を導入して設立された大阪造幣局で初めて製造されました.硬貨の素材としては,鋳造しやすく,耐食性も良い青銅がもっぱら用いられてきましたが,わが国における昔の硬貨の成分組成例を表4.1に示します.

現在,わが国で使用されている硬貨は1円から500円まで6種類があり,1円を除いてすべて銅合金です.つまり,5円硬貨は黄銅(Cu–65 Zn),10円硬貨は青銅(Cu–4 Sn–1 Zn),50円,100

[*8] "わどうかいほう"または"わどうかいちん"と呼ばれます.

表 4.1 昔の硬貨（古銭）の化学成分

古銭名	年代	化学成分 (mass%)					
		Cu	Sn	Pb	Fe	As	Sb
和銅開珎	708	90.3	3.2	0.3	5.6	—	—
万年通宝	760	78.0	2.9	2.1	1.5	13.7	1.7
延喜通宝	977	69.5	1.3	16.1	1.8	8.8	1.7
寛永通宝	1741	73.6	2.9	7.3	11.0	4.0	0.5
天保通宝	1835	81.3	8.3	9.7	0.1	0.2	0.1

円，500円[*9]硬貨は白銅（Cu-25 Ni）です．硬貨の素材も時代とともに変わり，例えば，以前の100円硬貨には銀が含まれており，500円硬貨はニッケルが主成分でした．

ところで，金本位制であった時代においては，為政者は財政難からしばしば金品位の低い硬貨（金貨）を発行しました．それによって，それまで流通していた金品位の高い金貨はことごとく姿を消し，金品位の低い金貨がはびこるようになります．つまり，金品位の高い金貨を鋳つぶして，金品位の低い金貨につくり直すことによって，その差額を得ようとするからです．それによって社会が混乱するようになります．これは，イギリスのグレシャム[*10]が唱えた"悪貨は良貨を駆逐する"という，いわゆるグレシャムの法則です．悪貨は金品位の低い金貨を，良貨は金品位の高い金貨を意味します．為政者は常に貨幣価値の安定に努めなければならないとする戒めになっています．

また，貨幣にまつわる良くない話，つまり偽造の話は，内外を問

[*9] 韓国の500ウォン硬貨による自動販売機での不正使用防止対策から，現在ではCu-Ni-Zn系合金が使用されています．

[*10] T. Gresham (1519-1579). イギリスの財務家で，歴代国王の財務顧問をつとめました．

わずいつの時代にもあるものです．通貨偽造は重大犯罪ですが，それを貨幣発行元が時として助長する場合があります．例えば，オリンピックや万博などの行事の際に記念金貨が発行されますが，その金品位が額面金額よりあまりにも低すぎると偽造される危険が出てきます．まったく同成分組成の金貨を偽造し，それを額面金額で売却したり，銀行で換金したりすれば，金品位との差額を手に入れることができるからです．結果として，発行元が損をすることになり，昭和天皇在位60年を記念して発行された10万円記念金貨がその例であり，日本銀行が大損したとされています．

第5章 アルミニウムおよびアルミニウム合金

5.1 若い金属 ——————————/アルミニウム/

アルミニウムは現在では鉄鋼や銅に次いで多量に各方面で利用されている金属であり,宇宙航空機産業,建築,自動車や高速輸送産業,エレクトロニクスやOA機器産業,飲料缶など広範な分野での用途が広がっています.アルミニウムは現代を代表する最もポピュラーな金属ですが,その金属としての歴史は浅いものです.

アルミニウムの存在は,18世紀にミョーバン[*1]の主成分である金属塩が粘土の一成分であることを見いだしたマルクグラーフ[*2]によって確認されていましたが,その金属を取り出すことは困難で実現しませんでした.1827年にウェーラー[*3]は塩化アルミニウムを金属ナトリウムで還元し,少量(約32 mg)の金属アルミニウムの小粒を得ることに成功し,その性質が初めて明らかにされました.アルミニウムが初めてこの世に出現した当時は,"粘土からつくられた銀"として珍重されたといわれます.

アルミニウムが今日の工業的規模で生産されるようになったのは,1886年にホール・エルー法の溶融塩電解精錬法が開発されてから

[*1] 明礬.K_2SO_4と$Al_2(SO_4)_3$との複塩.
[*2] A.S. Marggraf (1709-1782). ドイツの化学者.アルミナとマグネシアは異なる化学成分であることを明らかにし,また,サトウダイコンの中に砂糖の存在を明らかにしました.
[*3] F. Wöhler (1800-1882). ドイツの化学者.尿素の合成,ベリリウム,イットリウムを初めて得ました.

のことです．したがって，アルミニウムはその歴史が120年ほどの新しい金属であり，5000年もの歴史がある鉄や銅に比べれば若い金属であるといえます．

ホール・エルー法はアメリカのホール[*4]とフランスのエルー[*5]がほぼ同時期に独立して開発に成功したアルミニウム精錬法です．この方法では多大な電力が必要とされますが，開発された同年にシーメンス社[*6]によってダイナモ（発電機）が開発され，従来の電池とは比べものにならない大きな電力が得られるようになったことが幸いしました．なお，この両化学者はともに1863年生まれで，溶融塩電解精錬法は彼ら23歳の青年時代の発明であり，また，他界したのもともに1914年です．彼ら二人は誕生，発明，他界がともに同年であった稀有な運命の化学者です．

アルミニウムは，大気中でその表面にち密な酸化膜を形成するために耐食性が良く，低温でももろくならない，磁気を帯びないなどの特性があります．また，電気と熱の良導体であり，例えば，導電率は銅の約60％であり，熱伝導は銀，金，銅に次ぎ，他のいかなる金属よりも大きい金属です．さらに，軽くて展延性に富み，塑性加工が容易であるなどの特長があります．

一方，電力を使用しないアルミニウムの精錬法，いわゆるアルミニウムの溶鉱炉精錬法がわが国で開発されました．この方法は，粘土とコークスを塊状に固めて高炉に投入し，純酸素を吹き込んで炉内温度を約2000℃に上昇させ，アルミニウム，けい素，鉄を含む合金を生成させます．これに鉛を投入してアルミニウムを鉛に吸収

[*4] C.H. Hall (1863-1914).
[*5] P.L.T. Héroult (1863-1914).
[*6] ドイツの物理学者，技術家，工業家である Ernst Werner von Siemens（1816-1892）が弟とともに経営した重電機会社．

させ，これを凝固させて二相分離したアルミニウムを抽出するものです．

この新精錬法は，電力を使用しない，原料として粘土が使用できる，大量生産が可能であるなどの特長をもつ新しい精錬法として注目されました．しかし，歩留まりが悪い，連続操業が難しい，2000℃もの高温に耐え得る溶鉱炉の材質と構造などに問題があり，実用化が阻まれています．

ところで，現在では誰でもアルミニウムを目にすることができますが，日本人として初めてアルミニウムを見た人物は誰なのでしょうか．史実によれば，それは江戸時代末期の水戸藩主の徳川昭武であるとされています．1867年に開催されたパリ万国博覧会に，フランスは，江戸幕府が混乱状態にあった幕末の日本に対して朝廷と幕府をそれぞれ招待しましたが，徳川昭武は幕府側の団長として参加しました．

フランスに渡った徳川昭武はナポレオン3世に謁見しましたが，その折にフランスが国威をあげて精錬した（当時は塩化物からの化学精錬だった）アルミニウムの延べ棒を手にとる光栄に浴しました．そして，その美しさと軽さに驚嘆したといわれます．今日，アルミニウムが工業材料や日用雑貨品として，あるいはビールやジュースの缶として，毎日のように手にされていることを思うと，隔世の感があります．

ちなみに，この博覧会に出展したわが国の出し物は，猿回しや皿回しなどの大道芸であり，好評を博したといわれています．

5.2 世界共通の合金番号
────── /アルミニウム合金の分類/

アルミニウム合金は,鋳物(いもの)と,板や棒などの展伸材とに分けられ,それぞれ多くの種類があります.展伸材は合金系から分類されています.

わが国では,アルミニウム合金の名称として以前は欧州系とアメリカ系のものが併せ用いられていましたが,第二次世界大戦後はもっぱらアメリカ系の名称が用いられるようになりました.例えば,アルコア社[*7]の合金名 17 S, 24 S, 75 S などが用いられました.

1954年,アメリカアルミニウム協会がアルミニウム合金番号を AA ナンバーとして統一しましたが,その方式をわが国でも1970年に JIS に採用するようになりました.この合金番号は4桁(けた)の数字からなり,最初の桁の数字は合金系を示し,主要合金元素によって表5.1のように表します.第2番目の桁は,その合金が改良された場合につける番号のために0として空けてあります.最後の2桁の数字は合金番号を示し,例えば,以前の 24 S 合金は 2024,61 S 合金は 6061 のように表示します.ただし 1000 番台の純アルミニウムに限って最後の2桁は純度を意味し,例えば,1085, 1050

表5.1 アルミニウムの合金番号と主要合金元素

合金番号	主要合金元素	合金番号	主要合金元素
1×××	アルミニウム(99%以上)	6×××	マグネシウム・けい素
2×××	銅	7×××	亜鉛
3×××	マンガン	8×××	その他
4×××	けい素	9×××	まだ実用されないもの
5×××	マグネシウム		

[*7] Alcoa (Aluminum Company of America). 世界最大のアルミニウム製造会社.

はそれぞれ純度99.85%, 99.50%のアルミニウムを意味します.

なお, 日本で開発された合金でAA規格に該当しない成分のものについては, 数字とアルファベットの4桁の組合せで種類を表示します.

例：5N01　5：合金系（Al-Mg系），N：NipponのN，
　　　　　01：合金系統内の制定順位（1からの一連番号）

また, 合金番号の後に-O, -T4[*8]などの記号が付されますが, これはその合金が冷間加工のままなのか, 熱処理が施されたものかを示す質別記号です. この記号は, アルミニウム合金の機械的な特性が加工や熱処理によって著しく影響されるので, 重要な意味をもっています. わが国で採用されている質別記号を以下に示します.

-O：　焼なまし（展伸材にのみ使用する）

-F：　製造されたままの状態

-H：　冷間加工された硬質材料

-W：　溶体化処理後時効硬化が進行中.
　　　例：-W20は溶体化処理後20日間経過した状態

-T：　熱処理が施されたもの
　　　-T2　焼なまし（鋳造品にのみ使用する）
　　　-T3　溶体化処理後冷間加工
　　　-T4　溶体化処理後常温時効
　　　-T5　溶体化処理を施さないで人工時効 [*9]
　　　-T6　溶体化処理後人工時効
　　　-T7　溶体化処理後安定化熱処理
　　　-T8　溶体化処理後冷間加工し, 人工時効

[*8] 例えば, 2024-T4は, 溶体化処理後常温時効が完了している2024合金を意味します.

[*9] 溶体化処理後に常温以上の温度に加熱して時効を促進する熱処理.

-T9　溶体化処理後人工時効し，冷間加工

このように，アルミニウム合金は合金番号と質別記号によって材料の素性が一目瞭然となります．アルミサッシあるいはアルミニウム製車両などでこれらの記号を見つけることができます．

5.3　高力アルミニウム合金 ── /*超々ジュラルミン*/

ジュラルミンは，第2章で述べたように，ウィルムによって最初に発見された時効硬化型アルミニウム合金ですが，現在ではアルミニウム-銅-マグネシウム系合金およびアルミニウム-亜鉛-マグネシウム合金の総称として使用されています．

ウィルムによってジュラルミンが発見されたことによって，"さらに強くて軽い"アルミニウム合金の開発が各国で行われるようになり，超ジュラルミン（SD, super duralumin），超々ジュラルミン（ESD, extra super duralumin）が高力アルミニウム合金として実用に供されるようになりました．一般に，引張強さが450 MPa以上のアルミニウム合金を高力アルミニウム合金と呼びます．

アルミニウム-銅-マグネシウム系は，表5.2に示すようにJISで

表5.2　ジュラルミン（Al-Cu-Mg系）の組成と機械的性質

合金記号 (JIS)	化学成分（mass%）				機械的性質			
	Cu	Mg	Si	Mn	熱処理	引張強さ (MPa)	伸び (%)	硬さ HB
A2014P	4.5	0.5	0.8	0.8	T4* T6**	410 442	14 6	105 135
A2017P	4.0	0.6	(0.3)	0.7	T4	355	15	105
A2219P	6.1	―	(0.3)	0.2	T6	370	8	―
A2024P	4.4	1.5	(0.5)	0.6	T4	430	15	120

*　溶体化処理後常温時効．
**　溶体化処理後人工時効．

は4種が規定されており，2024は超ジュラルミン（SD）と呼ばれる代表的なジュラルミンになっています．本系合金には銅が含まれるために耐食性が劣るので，これを改善するために表面に純アルミニウムをクラッド（合わせ板）して用いられます．

一方，アルミニウム–亜鉛–マグネシウム系はわが国において第二次世界大戦の直前から戦争中にかけて大いに研究され，戦後は欧米においても使用されるようになった合金であり，いわゆる亜鉛ジュラルミン（zinc duralumin）です．本系合金が高力ジュラルミンであることは第一次世界大戦のころから既に各国で知られていましたが，最大の欠点は応力腐食割れを引き起こすことであり，応力が加えられた状態で大気中に放置されると粒界から割れが発生することでした．この致命的な欠点が，本系合金が長い間実用に供されなかった最大の理由になっていました．

ところが，この欠点はわが国において適量のクロムとマンガンを添加することによって防止できることが見いだされました[10]．それ以来，本系合金が最強のアルミニウム合金と位置づけられるようになり，アルミニウム–亜鉛–銅–マグネシウム系合金が第二次世界大戦直前の1938年に世界で最初に実用に供されました．この合金は超々ジュラルミン（ESD）と呼ばれ，飛行機や零式戦闘機の骨組みとして使用されるようになりました．ESDの標準組成および機械的性質を表5.3に示します．

超々ジュラルミンは欧米においても模倣され，盛んに使用されるようになりましたが，そのきっかけは第二次世界大戦中に撃墜されたわが国の零式戦闘機の残骸を分析した結果，アルミニウム–亜鉛–マグネシウム系合金が既に実用されていたことを知ったことによる

---

[10] 住友金属工業(株)［現在の住友軽金属工業(株)］の五十嵐勇，北原五郎の両氏の発明によります．

表 5.3 超々ジュラルミンおよび高力アルミニウム合金
（A 7075P）の組成と機械的性質

合金記号	化学成分（mass%）					機械的性質		
	Zn	Mg	Cu	Cr	Mn	引張強さ (MPa)	耐力 (MPa)	伸び (%)
ESD	8.5	1.5	1.2	0.25	0.6	580 以上	500 以上	5 以上
A7075P	5.5	2.5	1.6	0.3	—	533	513	7

熱処理は溶体化処理後 T6 処理．

とされています．世界中の金属学者たちがわが国におけるアルミニウム合金研究の水準の高さに驚嘆したといわれています．超々ジュラルミンが発見された以後も高力アルミニウム合金の開発研究が行われましたが，それを凌駕(りょうが)する合金は得られていません．

ところで，わが国における高力アルミニウム合金の開発研究の背景には，軍国主義時代における戦闘法が軍艦を主力とする海軍から爆撃機を主力とする空軍へ移行したことと，軍当局からの高性能戦闘機の開発に向けた大きな圧力が深くかかわっていたように思われます．

5.4 アルミニウムブレージングの進歩
―――――― / 熱交換器 /

アルミニウムは，軽いという特長のほかに熱を伝えやすいという性質をもっています．アルミニウムのこの性質を利用したものに熱交換器があります．熱交換器はプラント工業における冷却装置，冷暖房用空調器，自動車用ラジエータなどには不可欠になっていますが，その構成材として従来は熱伝導の良い銅がもっぱら使用されてきました．

熱交換器の基本構造は，図 5.1 に示すように，銅パイプに銅箔

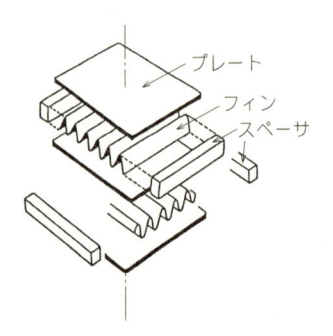

図 5.1 熱交換器の構造（プレート-フィン構造）

（フィン）を張り出して接合し，銅パイプの中を流れる熱媒体の熱をフィンから放熱するものです．銅パイプとフィンの接合には，すず-鉛はんだやりん銅ろうが使用されてきました．銅は比重が大きく価格も高いため，経済的な立場から銅よりも比重が小さく熱伝導のよいアルミニウムを熱交換器に適用することが考えられていました．しかし，アルミニウムパイプとアルミニウムフィンとの接合の難しさがその実用化を阻んできました．低カロリーの熱交換器ではそれらの接合は機械的接続でも可能ですが，高カロリーのものに対しては金属学的な接合法であるろう付[*11]，つまり，アルミニウムブレージング法で行わなければなりません．ろう付によるアルミニウムの接合は特に難しく，その技術開発には苦渋の長い歴史があります．

アルミニウムのろう付が難しい理由は，アルミニウム表面の安定な酸化膜と，ろう付後の腐食の問題があります．つまり，安定な酸化膜は溶融ろうの"ぬれ"を阻害し，また，ろう付に使用されるフラックスの残渣(ざんさ)が腐食の原因になります．アルミニウムブレージン

[*11] 接合母材を溶融することなく，それよりも低い融点の合金（ろう）を接合間隙に流し込んで接合する方法．

グには，一般にアルミニウム合金の心材[*12]にろう材（Al-Si合金）をクラッド（合わせ板）したブレージングシートが用いられます．ブレージングシートを用いてのアルミニウムブレージング工程を図5.2に示します．

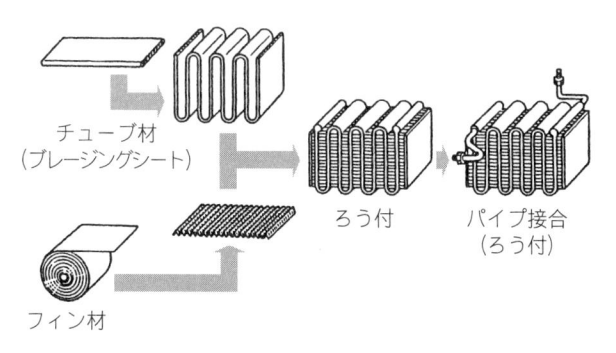

図 5.2 熱交換器の製造工程

アルミニウムブレージングの開発の歴史は次のようになります．

第1次技術　溶融塩浸漬法

ろう付部材を約600℃に加熱された塩化リチウム-塩化カリウム-ふっ化ナトリウム系の溶融塩浴に浸漬するろう付法であり，溶融塩がフラックスと熱源になります．ろう付性は良好ですが，ろう付後の腐食が大きな問題になります．

第2次技術　乾燥雰囲気法

乾燥した低露点（-40～-50℃）の乾燥空気または窒素雰囲気中で行うろう付法であり，使用するフラックス量が少なく，ろう付後の腐食が抑えられるのが特長です．

第3次技術　真空ろう付法

真空中で行うろう付法であり，ブレージングシートの皮材（ろう）

[*12] 3003合金または6951合金．

にマグネシウムを添加することが特長です．この方法の開発によって完璧なアルミニウムブレージング法が確立されたかに思われましたが，真空中で加熱するために水を使用するラジエータなどではアルミニウム基材に孔食が発生するという問題が発生しました．

第4次技術　ノコロック法

ふっ化アルミニウムを主成分とするフラックスを使用するろう付法であり，ろう付性が良く，ろう付後の耐食性にも優れています．現在，最も信頼性の高いアルミニウムブレージング法として広く採用されています．図5.3にアルミニウム製熱交換器のフィン接合部（ろう付部）を示します．

図5.3　アルミニウム製熱交換器のフィン接合部（ろう付部）

このように，かつては熱交換器のような細部の接合が困難であったアルミニウム部材に対して信頼性の高い接合法，すなわち，アルミニウムブレージング法が確立されるようになりました．これによって，家庭用空調器，自動車用ラジエータなどにアルミニウム製熱交換器が使用されるようになり，現在では，銅製の熱交換器はごく限られた分野でだけ使用されており，ほとんどがアルミニウム製に

置きかえられるようになりました．

5.5　発色は添加元素次第 ——— /アルマイト処理/

アルミニウムは耐食性に優れた金属ですが，その純度や環境によっては腐食されます．例えば，腐食率は田園地帯では 0.001 mm/年，工場地帯では 0.08 mm/年，海上では 0.11 mm/年です．ここに，アルミニウム素材を環境から保護する表面処理法の開発が必要に迫られ，その代表的な方法として陽極酸化処理法が開発されました．

陽極酸化処理法は，電解処理によってアルミニウムの表面に人工的に酸化皮膜を形成する方法であり，一般にアルマイト処理と呼ばれています．アルマイト (almite) は，わが国の理化学研究所が 1931 年に商標登録した名称であり，しゅう酸電解液での陽極酸化によって多孔性皮膜を形成し，これを封孔処理することによってち密で硬質な安定した皮膜を形成させる表面処理法です．現在では理化学研究所の商標登録は切れてしまいましたが，アルマイトはアルミニウムの陽極酸化処理の総称として用いられています．

陽極酸化に使用される電解液としてしゅう酸が用いられていましたが，現在では用途に応じて硫酸，クロム酸，有機酸などが用いられています．陽極酸化によって得られる皮膜は多孔質の酸化アルミニウム皮膜であるため，耐食性を向上させるためには封孔処理を行うことが必要です．封孔処理は，沸騰水または加圧水蒸気などとの反応によって酸化皮膜をち密化する方法です．

また，アルマイトは合金成分や電解液との組合せによって，酸化膜を種々の色に発色させる，いわゆる自然発色が可能であり，建材，装飾品などへ盛んに利用されています．同じ合金であっても，合金

元素が固溶体となっている場合と，析出状態になっている場合とでは発色が異なってきます．表 5.4 にアルミニウム合金系と発色の関係を示します．

表 5.4 アルミニウム合金のアルマイト処理による着色

合金系	合金の状態	
	固溶体	析 出
Al-Cu	透明な黄色	灰白色または黒灰色
Al-Si	不透明な灰白色	灰黒色または暗黒色
Al-Mn-Cr	透明なブロンズ色	不透明灰色

第6章 貴 金 属

6.1 天は二物を与えず ───── /*貴金属と卑金属*/

　金属は，貴金属と卑金属に分けられるとされています．つまり，金，白金，プラチナなどのように大気中で酸化されず，容易に化学変化を受けない金属が貴金属とされ，鉄，亜鉛，鉛などのように，大気中で酸化されやすく，水分や炭酸ガスなどに侵される金属が卑金属とされます．さらに詳しくは，電極電位が正荷電を帯びる金属を貴金属，負荷電を帯びる金属を卑金属といいます．

　しかし，金やプラチナだけが貴い金属であって，鉄や鉛が卑しい金属とすることにいささか疑問を感じます．確かに金やプラチナはさびないことでは優れていますが，船舶や橋梁などの構造材としてはとても対応できず，これに応えることができるのは鉄鋼だけです．

　つまり，金属にはそれぞれ長所があり，その特長がいかんなく発揮される分野においては，その金属こそが貴いといえます．亜鉛やカドミウムにおいてもしかりです．亜鉛はダイカストとしてや鋼の防食めっき金属として，カドミウムは接点合金材料としてそれぞれ用いられれば，他のいかなる金属にもかえがたい優れた性能を発揮します．この意味において，亜鉛もカドミウムも貴い金属であるといえます．"自然界に貴賎の別なし"は真理です．

　ところで，電子機器のはんだ付では，金めっきや銀めっきがはんだ付の過程で溶けたはんだの中へ溶け込む現象，いわゆる溶食現象がはんだ接合部の信頼性の観点から大きな問題になっています．この現象は"はんだ食われ"とも呼ばれていますが，貴金属とされて

いる金が，卑金属とされている鉛とすずとから成るはんだに食われる（溶食される）のは皮肉であるといえます．

6.2 人の心を惑わす山吹色 ─────── /金/

金（きん）は6 000年以上もの歴史をもつ金属であり，これまで他のいかなる金属よりも人間と深くかかわってきました．金は，自然界に酸化物や硫化物となって存在する鉄や銅などとは異なり，金属（金塊）の状態で存在するために還元の工程を必要としません．このことがいろいろな金属の中で最初に使われるようになった大きな理由です．

金はその不変性と希少性から，長い間富や権威の象徴として祭祀，貨幣，装飾品に使われてきましたが，さらに医用（歯科），工業用としても重要な素材に位置づけられています．特に，現代の花形産業である電子工業では金めっき，金はんだなどとして使用され，電子工業と金とは切っても切り離せない間柄にあります．

金はかつては王朝文化の象徴として重宝されましたが，現在では最先端技術を支える信頼できる材料として使われています．金はいつの時代においても信頼の厚い金属であるといえます．

金は金属の中で最も展延性に富んでおり，伸線や圧延が極めて容易です．1 gの純金は細線として直径10 μmの太さで600 m以上に線引加工することが可能であり，また，金箔としては50 cm角（厚さ0.2〜0.3 μm）に鎚打ちすることができます．

このように，純金には優れた展延性がある反面，指輪やネックレスなどの装飾品にすると傷がついたり変形したりする欠点があります．これを改善するために金合金，いわゆるカラット金合金が用いられます．カラット（karat, carat）とは金合金の金含有量の単位であり，純金を24カラット（K24，24金）とするものです．

例えば,K18(18カラット),K14(14カラット)はそれぞれ金含有量が75%,58%であり,他の合金元素は多くの場合,銀,銅です.

実用カラット金合金としてはK22(金91.66%),K20(金83.33%),K18(金75.00%),K16(金66.70%)があります.イギリスでは昔からK22が最も神聖な品位と考えられており,今日でも結婚指輪にはこの合金を用いる習慣があるといわれています.

なお,ダイヤモンドなどの宝石にもカラットの単位が使われますが,この場合は質量を表すものであり,1カラットは200 mg(0.2 g)を意味します[*1].

ところで,金は希少であり生産量が少ないことから,しばしば投機の対象とされてきました.しかし,そのもくろみは歴史的に達成された例はなく,金市場を混乱させるという禍根を残しただけの結果となっています.金は貴金属として,また工業材料として優れた特性をもっていますが,資源的には限られています.この限られた資源の恩恵はすべての人々に享受されるべきものです.

6.3 似たもの金属 ―――――― /白金族金属/

周期律表第8族のルテニウム(Ru),ロジウム(Rh),パラジウム(Pd),オスミウム(Os),イリジウム(Ir),白金(Pt)の6金属を白金族金属といいます.これらの金属は,天然に金属状として常に相伴って産出するのが一般的です.主な産地は南ア連邦,カナダ,ロシアであり,わが国では北海道でわずかに産出します.

白金族の6金属は,融点が高い,密度が大きいなど,類似した

[*1] 宝石の質量を,穀粒または豆粒と比較して計ったことに由来しています.

性質をもっています．表6.1に周期律表8族の抜粋を示しますが，周期律表で縦列に属するルテニウムとオスミウム，ロジウムとイリジウム，パラジウムと白金とはそれぞれ特に性質が酷似しており，化学的な組成の類似した化合物をつくります．

表6.1 周期律表（第8族）

周期 \ 族	第8族		
第3長周期	26 Fe	27 Co	28 Ni
第4長周期	44 Ru	45 Rh	46 Pd
第5長周期	76 Os	77 Ir	78 Pt

また，白金族金属は鉄族金属である鉄，コバルト，ニッケルともそれぞれ周期律表の縦列に位置する金属と種々の点で類似しています．例えば，鉄，ルテニウム，オスミウムはアルカリとともに鉄酸，ルテニウム酸，オスミウム酸の塩類を形成し，コバルト，ロジウム，イリジウムは3価の同形の錯塩をつくり，ニッケル，パラジウム，白金は2価の同形の錯塩をつくります．ただし，金属としての物理的な性質に関して，鉄族と白金族との間には大きな違いがあります．

このように，白金族の性質は似ていますが，それらの合金は装飾品としてだけでなく，工業用材料としても重要な存在になっています．特に，白金を主成分とする白金合金は耐酸化性と耐食性に優れ，白金-ロジウム合金，白金-イリジウム合金，白金-パラジウム合金などが実用に供されています．

ちなみに，ルテニウムはロシアの古い名称（Ruthenia），ロジウ

ムは赤を意味するギリシャ語（Rhodos），パラジウムはその発見年を同じにする新惑星パラス（Pallas），オスミウムはその酸化物の悪臭を意味するギリシャ語（Osme），イリジウムはギリシャ語の虹の女神アイリス（Iris），白金はスペイン語で銀を意味するプラチナ（Platina）に，それぞれちなんで命名されたものです．和名の"白金"の由来は定かではありませんが，最初の発見者であるイギリスのワトソンがホワイトゴールド（white gold）と呼んでいたことに関係があるのかもしれません．

6.4 意外な用途 ————————— /金はんだ/

　金と聞けば指輪やネックレスなどの装飾品，仏像などの美術品が連想されますが，現代において金は工業材料としての利用が多くなっており，特に，電子工業における役割が重要になっています．

　電子工業における金の利用は，金素材を用いる場合と，他の金属との合金として用いる場合とに分けられます．前者にはめっき，半導体素子間の配線，ボンディングワイヤ，シールなどがあり，後者にはペースト，はんだなどがあります．

　なぜ，高価な金がはんだとして使用され，また，1063℃の高い融点をもつ金がはんだとして利用できるのでしょうか．電子工業で使用されるはんだはすず系のものが圧倒的に多くなっていますが，その理由は融点，はんだ付性，経済性などがずば抜けて優れているからです．

　しかし，エレクトロニクス技術が進歩するにつれて，接合のためのはんだとして従来のすず系はんだでは対応できない分野が現れてきました．例えば，シリコンやゲルマニウム半導体の接合，シリコンチップと基板のダイボンディング，パッケージのシーリングなど

であり，また，金めっき部材に対しては"金食われ"[*2]のない金系のはんだが求められるようになりました．

金系はんだは電子工業に特有なはんだであり，主として半導体の接合やマイクロボンディング用はんだとして用いられます．金は高い融点をもっているために，それ自身ではとてもはんだとして使うことができません．しかし，すず，シリコン，ゲルマニウム，アンチモンなどとは280～350℃の低い融点の合金となるために，はんだとして使用できるようになります．金系はんだとしては，表6.2に示すように，金-すず系，金-シリコン系，金-ゲルマニウム系などがあり，これらはいずれも共晶型合金であるため，はんだ付性と

表6.2 金系はんだの成分と溶融温度

No.	化学成分 (mass%)							溶融温度 (℃)	
	Au	Sn	Si	Ge	Sb	Ga	その他	固相線	液相線
1	100							1 063	1 063
2	90	10						498	720
3	80	20						280	280
4	75	25						280	330
5	60	20					Ag 20	360	360
6	76	15					Pb 9	246	383
7	99		1					370	1 000
8	98		2					370	800
9	94		6					370	370
10	93			7				356	780
11	88			12				356	356
12	99				1			360	1 020
13	75				25			360	360
14	99					1		1 030	1 025
15	85					15		341	341
16	73						In 27	451	451

[*2] 溶融はんだに金や銀めっきなどのはんだ付母材が溶け込む現象を"食われ"または"溶食"といいます．はんだに金，銀が溶け込む場合をそれぞれ"金食われ（金溶食）"，"銀食われ（銀溶食）"などと呼びます．

流動性に富んでいます．当然のことながら，金系はんだは高価なために使用範囲が自ずと限られてきます．しかし，接合部の信頼性が特に要求される分野には，必ず金系はんだが使用されます．

第 7 章　低融点合金

7.1　理想高強度金属のいたずら ─── /ウィスカ/

ウィスカ (whisker) は，1940年代にアメリカのベル研究所でリレー式電話交換機のコネクタに発生したすずウィスカとして最初に発見されました．ウィスカは，本来は動物のひげを意味し，直径 1〜3 μm，長さ 0.1〜5 μm の，まっすぐに伸びた針状の結晶であり，結晶学的な欠陥や転位がなく，金属の理想的な強度に近く，その弾性限は完全結晶に対する理論値の 1/3 にも達します．図 7.1 にすずめっきから発生したウィスカを示します．

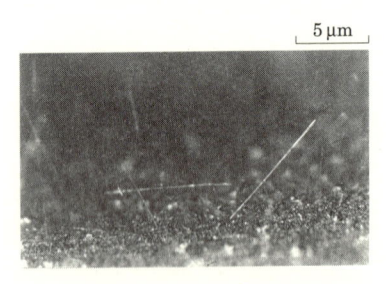

図 7.1　すずめっきから発生したウィスカ

ウィスカは純金属，合金，酸化物，硫化物，炭化物，塩，有機化合物から成長し，真性ウィスカと非真性ウィスカとがあります．真性ウィスカは，すずウィスカや亜鉛ウィスカのように自然に成長したものであり，非真性ウィスカは，硫化銀ウィスカなどのように結晶源が外部からも供給されて成長したものです．ウィスカの高強度

を利用して，プラスチックや金属に混入して高強度複合材料とする試みがなされています．

ところで，ウィスカは電子工業において重大な問題を引き起こしています．具体的には，ウィスカによる電子回路の短絡事故があります．電子機器は数多くの電子部品から構成されており，それらはすべて"はんだ"によって接合されています．はんだは低融点の合金であり，多くはすず合金が使用されていますが，そのはんだからウィスカが発生し，成長し，隣接する端子に接触して短絡事故を引き起こすのです．

現在の電子機器は，携帯電話やデジタルカメラなどに見られるように超小型化されており，それに伴って電子回路は微細かつ高密度になっているために，小さなウィスカによっても短絡事故が引き起こされる懸念があります．さらに昨今の鉛フリー化から，従来のすず-鉛はんだにかわってすずを主体とするはんだが使用されるようになったために，ウィスカ発生の問題が助長されています．

ウィスカ発生の防止対策として，添加元素，熱処理，下地めっきなどからの検討が進められていますが，決め手となる方法がまだ見いだされていないのが実情です．電子工業におけるウィスカ発生の防止対策問題は，鉛フリーはんだ開発と並行して検討されなければならない課題になっています．

7.2　金属の泣き声 ──────────── /双晶変形/

金属結晶の塑性変形は主として結晶格子面の辷りによって行われますが，変形が低温で行われる場合や変形速度が大きい場合，あるいは多量の固溶元素を含む場合は，双晶(そうしょう)を形成することがあります．双晶は，結晶の原子配列において特定の面や軸に関して対称にな

るような原子配列をもつ層状の結晶領域です．つまり，図 7.2 に示すように，隣接する二つの結晶が特定の面や軸に関して対称な原子配列をもつ場合に，互いの結晶が双晶の関係にあります．双晶関係にある二つの結晶では，その原子配列が双晶面と呼ばれる特定の面に関して鏡面対称になっています．

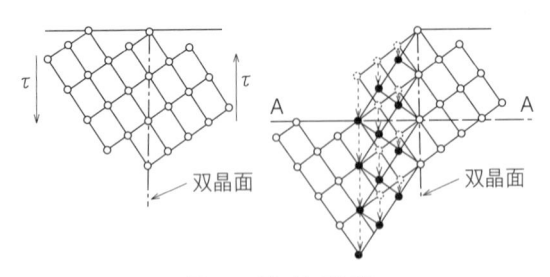

図 7.2　双 晶 変 形

変形による双晶は体心立方格子，面心立方格子，最密六方格子のいずれの結晶にも見られますが，双晶を形成しやすい金属と，それを形成しにくい金属とがあります．

体心立方格子である α 鉄は双晶を形成しやすく，その双晶帯を最初に発見したノイマン[*1]にちなんでノイマン帯と呼んでいます．面心立方格子である銅やニッケルにも双晶が形成されますが，アルミニウムや鉛では変形による双晶が形成されにくくなっています．

ここで，体心正方晶格子であるすず（白色すず）を変形すると双晶が形成され，その際に竹を折るようなカリッという澄んだ砕音が聞かれます．これを"すず泣き"[*2]と呼び，はんだやすずの質（純度）を吟味する手段にされていました．すず泣きは金属の変形に際して聞かれる代表的なクリック音であり，文字どおり金属の泣き声

[*1] F.E. Neumann (1798–1895).

[*2] tin cry. すず鳴り，しゃく声などともいいます．

であるといえます.

このように,金属を塑性変形するときに形成される双晶は変形双晶または機械的双晶と呼ばれますが,冷間加工を受けた金属が焼なましされたときに形成される焼なまし双晶と区別しています. 銅やアルミニウム合金などの面心立方格子金属では,焼なまし双晶が形成されやすくなります.

7.3 金属の伝染病 ―――――――― /すずペスト/

すずは鉱石であるすず石[*3]からの還元が容易であり,かつ融点が低いことから,器物の製作や青銅の合金元素として古代から使用されてきました. すずは常温では軟質で延性に富んだ金属ですが,低温では同素変態[*4]によってもろい金属に変わってしまいます. すずには次の三つの同素体があります.

$$\text{灰色すず} \underset{\alpha\text{-Sn}}{\overset{13.2℃}{\rightleftarrows}} \text{白色すず} \underset{\beta\text{-Sn}}{\overset{161℃}{\rightleftarrows}} \text{斜方すず} \underset{\gamma\text{-Sn}}{\overset{232℃}{\rightleftarrows}} \text{溶融すず}$$

白色すずは常温で延性に富んでいますが,灰色すずは極めてもろく,手に触れただけでも崩壊して粉末になってしまいます. 白色すずから灰色すずへ変態する温度は13.2℃ですが,この変態には時間的な遅れがあり,約-10℃で始まり,-45℃で変態速度が最大になります. 変態が1 mm進行するのに約500時間を要し,この変態によって衝撃強さが極端に減少します. すずの変態速度は不純物によって影響され, ビスマス, 鉛, アンチモンが変態を遅らせ, 逆

[*3] 酸化すず(SnO_2). 重要なすず鉱石になっています.
[*4] 同一の元素が圧力や温度などの外的因子によって結晶格子が変わること. それぞれ異なる単体を同素体と呼びます.

に，亜鉛，アルミニウム，マグネシウム，マンガンが変態を促進させます．

すずは合金元素として，あるいは，はんだ，めっき，薬品などとして広く使用されていますが，その用途の一つにピューター（すず器）があります．ピューターには食器や燭台などの家庭用品，あるいは花瓶や茶器などの伝統的な工芸品などがあり，特に欧州において盛んに使用されています．わが国におけるすず器製造は約300年の歴史があり，主に京都，大阪，鹿児島が中心になっています．ピューターの例を図7.3に示します．

図 7.3 ピューター（すず器）
［提供：石川金属(株)］

ところで，かつて欧州において，家庭用のすず食器や博物館にあるすず製メダル，貨幣などが厳しい寒さの冬を越すと粉々に崩壊してしまうことがありました．この現象は古くから知られていましたが，19世紀初頭に，ロシアの博物館内のピューターがこの厄に遭ってから，多くの学者の注意を引くようになりました．次々と伝染病にかかったように発生することから，すずの伝染病，いわゆるすずペスト，あるいは博物館病と呼ばれていました．当時はその原因が不明でしたが，それが白色すずの灰色すずへの同素変態であることを初めて明らかにしたのはコーエン[*5]です．

[*5] E. Cohen (1869-1944)．ドイツの化学者．すずに関する多くの研究業績があります．

7.4 公害と環境問題の産物 ── /鉛フリーはんだ/

　昨今,"鉛フリー"という語をよく目にします.鉛フリーとは鉛を使用しないということです.鉛は古くから使用されてきた金属の一つであり,工業材料や建材,あるいは低融点合金元素として重要な役割を担っています.

　鉛は単体としてだけではなく,化合物や合金としても使用されます.鉛丹または光明丹と称される四三酸化鉛は蓄電池,さび止め塗料,強磁性フェライト,圧電素子などに使用され,塩基性炭酸鉛は白色無定形の粉末で,鉛白として古くから知られています.

　また,代表的な有機鉛化合物である四エチル鉛は自動車用アンチノック剤として重要ですが,猛毒であるため鉛公害防止の観点から使用禁止になっています.合金としてはすずと鉛の合金である"はんだ"があり,電子工業には不可欠になっています.

　このように,鉛およびその合金と化合物は,私たちの日常生活と産業界にとってなくてはならない重要な素材になっていますが,その致命的ともいえる毒性のために,近年,使用が禁止されるようになりました.

　鉛による中毒は,古くは化粧品の白粉(おしろい)による中毒があり,工業界では鉛精錬業と鉛加工業で起こりました.さらに,鉛蓄電池工場での中毒や,ガソリンのアンチノック剤として添加された四アルキル鉛による大気汚染問題などがあります.

　しかし,現在では鉛による中毒の問題はほとんど回避されるようになりました.その大きな理由として,鉛中毒に対する認識の徹底,鉛中毒と鉛公害に対する法規制があげられます.つまり,鉛は有用な金属ではあるが毒でもあるという認識を広める教育と,鉛中毒予防規則の制定(1967年)などの行政上の措置が大きな力になって

います.

ところが,近年,電子工業にかかわる新たな鉛中毒が問題になっています.電子機器はたくさんの電子部品から構成されていますが,その接続にははんだが使用されます.従来のはんだはすずと鉛の合金であり,その使用実績は数千年にも及ぶとされており,つい最近まではすべての電子機器に適用されていました.

しかし,ここに至って,その使用が全面禁止になろうとしています.そのわけは,電子機器の廃棄による地下水の汚染です.つまり,不要になった電子機器は粉砕処理されて地下に埋められますが,そこに酸性雨が降り注ぐことによって,はんだが溶解し,鉛が鉛イオンとなって地下水に溶け込むようになります.

その結果,地下水を飲料水とすれば鉛が人の体にとりこまれ,重大な鉛中毒を引き起こすことが懸念されるようになりました.鉛イオンは人間の中枢神経を冒す毒性をもっているために,看過できない問題になっています.

このような理由から,電子機器の製造には鉛を含まないはんだ,いわゆる鉛フリーはんだ(lead-free solder)の使用が義務づけられ,その開発が必要に迫られるようになりました.現在,鉛フリーはんだの開発が鋭意進められていますが,従来のすず-鉛はんだに匹敵する特性をもつものが開発されていないのが実状です.鉛の重要さが改めて知らされます.

EUでは2006年7月からすず-鉛はんだの使用が全面禁止となり,鉛フリーはんだの使用が義務づけられます.電子機器のごみ廃棄という社会問題と,酸性雨という地球環境問題とによって,すばらしい特性をもつすず-鉛はんだが締め出されるようになってしまったのです.

現在,鉛フリーはんだとしてはすずをベースとする種々の合金系

が検討されており，表7.1に示すような合金が開発されていますが，すず-鉛系はんだと同等の性能特性をもつ鉛フリーはんだはいまだ見当たらず，その開発が今後の大きな課題になっています．

表7.1 鉛フリーはんだの成分と溶融温度

合金系	化学成分（mass%）						溶融温度（℃）	
	Sn	Ag	Zn	Bi	In	Sb	その他	固相線	液相線
Sn–Ag	96.5	3.5						221	221
	97.5	2.5						221	226
	95.5	4.0					Cu 0.5	204	260
Sn–Zn	91.0		9.0					198	198
	89.0		8.0	3.0				187	197
	86.0		8.0	6.0				178	194
Sn–Bi	42.0			58.0				138	138
	90.0	2.0		7.5			Cu 0.5	198	214
Sn–In	52.0				48.0			117	131
	50.0				50.0			117	125
	48.0				52.0			117	117
Sn–Sb	99.0					1.0		235	235
	95.0					5.0		232	240
	90.0					10.0		240	246
Sn–Ge	99.0						Ge 1.0	232	245
In–Ag		3.0			97.0			141	141

なお，かつて，鉛（鉛管）は水道管として用いられていましたが，その毒性は問題となりませんでした．その理由は，水に溶解している炭酸と酸素との作用によって，鉛の表面に水に不溶性な塩基性炭酸鉛 $[2PbCO_3・Pb(OH)_2]$ の薄膜が形成され，これが鉛の溶解を阻止するためです．

しかし，近年では，水源の水質悪化に対処するために浄水に多量の塩素系殺菌剤が使用されるようになり，鉛の表面に皮膜が形成されにくくなりました．その結果，鉛の溶解が懸念されるようになり，現在では水道用鉛管の使用が全面的に禁止されるようになりました．

7.5 防火を担う低融点合金 ────── /*易融合金*/

　金属や合金の重要な性質の一つである融点，つまり溶ける温度は金属の種類によってさまざまです．当然のことながら，融点の高い金属や合金は高い温度での使用が可能であり，低い融点のものは温度の高い環境では使用できないことになります．しかし，低融点の金属でなければならない応用分野があり，スプリンクラー（自動消火器），ボイラの安全栓などの熱的安全装置，あるいは電気用ヒューズには不可欠になっています．

　実用に供される融点の低い合金は易融合金[*6]と称され，その名のとおり融点が低く，溶けやすいことを特長とする合金であり，一般には純すず（融点 232℃）よりも低い融点の合金を総称します．

　多くの易融合金はすず，鉛，カドミウム，ビスマスなどから構成され，その多くが二元または多元系の共晶合金であり，さらに亜鉛，インジウム，水銀などを添加することによってかなり低い融点の合金が得られます．表 7.2 に主な易融合金の化学成分および溶融温度を示します．これらの合金はビスマスを約 50%含有しており，したがって，凝固収縮が小さくなり，精密鋳物にも適しています[*7]．

　スプリンクラーなどの熱的安全装置の作動原理は，温度の上昇によって易融合金が溶け出すことです．スプリンクラーの構造は図 7.4 のようになっており，火事などの際に，それが設置されている室内の温度が上昇すると，易融合金で封止されている先端部が溶け出し，水が噴出する原理です．噴出部が弁構造になっており，水が一気に噴出するタイプのものもあります．

[*6] fusible alloy. 可融合金ともいいます．
[*7] 一般に金属は凝固収縮しますが，ビスマスは凝固に際し体積を増す性質があります．

第7章 低融点合金

表 7.2 易融合金の化学成分と溶融温度

No.	化学成分 (mass%)						溶融温度 (°C)	
	Bi	Pb	Sn	Cd	In	その他	固相線	液相線
1	42.91	21.7	7.97	5.09	18.33	Hg 4.0	38	43
2	44.7	22.6	11.3	5.3	16.1		47.2	52.4
3	33	18	9	7	33		56	59
4	48	25.6	12.8	9.6	4		61.1	65
5*	50	25	12.5	12.5			70	72
6	39	31	15	15			68	85
7	50	31	19				95	95
8**	50	28	22				100	100
9	50	25	25				95	115
10	28	27.5	10	34.5			71	120
11***	46.1	19.7	34.2				96	123
12	56		40			Zn 4	130	130

＊ウッドメタル　　＊＊ローズメタル　　＊＊＊マロットメタル

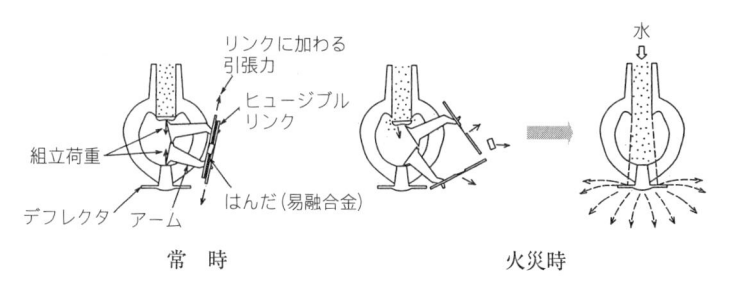

図 7.4 スプリンクラーの構造と作動原理

［提供：能美防災(株)］

7.6 低融点が命 ——————————— /軸受合金/

自動車，車両，種々の機械などには動力を伝達するための回転軸がありますが，その軸を支える滑り軸受が重要な機械要素になっています．軸受は回転する軸を支える役割を担っているので，高荷重，

摩擦による発熱，衝撃振動などの過酷な条件のもとでの稼動を強いられます．軸受に不具合が生じると，油膜が切れて軸との間に焼付きが起こり，トラブルの原因になります．

軸受には軸受鋼と軸受合金とがありますが，ここでは利用頻度の高い軸受合金について見てみることにします．軸受合金は，ホワイトメタル系，銅系，焼結合金系に大別されます[*8]．

ホワイトメタル系[*9]はすず基，鉛基，亜鉛基，カドミウム基に分けられ，それぞれ特長がありますが，中でもすず基のバビットメタル[*10]は衝撃に強く熱伝導が良いことから高圧軸受に適し，内燃機関や車両などの高速回転，高荷重用軸受として用いられています．バビットメタルの組成は，すず-3〜15％アンチモン-3〜10％銅であり，その金属組織は軟質な共晶素地に硬質結晶が均一に散在し，軸受用として理想的な合金となっています．一般には，バビットメタルを鋼や青銅に薄く内張りした軸受が用いられます．

銅系軸受合金には，ケルメットと称される銅-鉛合金，すず青銅，りん青銅，鉛入り青銅があります．銅-鉛合金軸受は耐焼付き性に優れ，またホワイトメタルに比べて耐荷重性が大きいので，自動車，航空機などのエンジン用軸受や，連接桿（れんせつかん）のような高速高荷重用軸受に適しています．

一方，焼結合金系は，粉末冶金法によってつくられた多孔性の合金に油をしみ込ませた軸受で，使用に際して油の供給を必要としないことから，オイルレスベアリング（oilless bearing）と呼ばれて

[*8] 最近ではナイロンなどの有機系のものが小型機器に使用されています．

[*9] 一般に，銀白色をした低融点合金はホワイトメタルと称されます．

[*10] 本系合金の発明者である Issac Babbitt (1799–1862) にちなんでいます．

います.銅系と鉄系があり,前者は低荷重高速用に,後者は高荷重低速用に使用されます.代表的な焼結軸受としてオイライト(oilite)があり,銅90%,すず10%の混合紛を加熱焼結し,高温から油に浸して気孔に油を浸み込ませたものです.

III 金属の加工技術

　技術とは,新しい科学的知識を物の生産や加工に有利に利用する手段です.新しい技術開発には豊富な知識と,訓練や努力の積み重ねが重要であり,同時に,科学的な裏打ちが求められます.

　一つの技術には一つの科学があります.

第8章 鋳造技術

8.1 金属加工の原点 ──────── /*鋳物*/

　工業用金属材料はすべての場合，最初に原料を溶解し，鋳型に鋳込んで所要の形にした，いわゆる"鋳物"からつくり出されます．この鋳物を鍛造，押出し，圧延などによっていろいろな形状に加工する場合と，鋳込んだままの状態で使用する場合とがあり，前者を鋳塊(ちゅうかい)，後者を鋳物と呼んでいます．

　鋳物は金属が受ける最初の加工であるといえます．古い遺跡から発掘される金属遺物は銅鐸(どうたく)，銅鉾(どうほこ)，銅鏡などの例に見られるように，すべて鋳物です．また，仏像や大仏なども鋳物によってつくられています．

　鋳物の原点である青銅は最も古い歴史をもっている合金であり，すずの含有量によって，砲金（約10%すず），寺院の鐘（15〜25%すず），鏡（約30%すず）などに用いられてきました．現在では，耐食性，耐圧性，耐磨耗性に優れていることから，バルブ，ポンプ，軸受などの一般機械部品として広く用いられています．

　一口に鋳物といっても多くの種類があります．合金種別には鋳鉄，鋳鋼，銅合金，アルミニウム合金，マグネシウム合金，亜鉛合金などがあり，また，鋳造法別には砂型鋳物，金型鋳物，ダイカスト，精密鋳物などがあります．

　現在，鋳物の中で最も多く生産され，最も多く利用されているのは，鉄-炭素系の合金である鋳鉄です．鉄-炭素系鉄合金において，炭素量が2.06%以下のものを鋼，それ以上のものを鋳鉄と呼んで

います[*1]. 鋳物の組成としては炭素とけい素が最も重要であり，これが鋳物の性質を支配しています.

鋳鉄は古くから用いられてきましたが，当時は鋳物の強度はあまり問題にされず，単に鋳物としての形が整っていればよかった時代が続きました.

しかし，鋳物がいわゆる機械鋳物として利用されるようになってからは，その強度が要求されるようになりました. かつての鋳鉄の引張強さは 100〜150 MPa であり，もろい金属材料の代表的なものでしたが，1920 年代には 300〜400 MPa のものまで改良され，さらに 1940 年代には球状黒鉛鋳鉄[*2] が実用化されて 600〜800 MPa のものが開発されるようになりました.

さらに，圧延や鍛造などの加工が可能な特殊な目的のために改良された鋳鉄も開発されています. かつての常識であった"鋳物はもろい"は，今や死語になっています.

8.2 金属材料生産の高効率化 ——— /連続鋳造法/

連続鋳造法は，溶融金属から鋳片，素形材，ビレット，スラブなどを連続して製造する方法です. 連続鋳造法は歴史的には古くから考えられており，1846 年，ベッセマー[*3] が板ガラスの製造法から着想を得て，二つの水冷ロールの間に溶鋼を流し込んで鋼鈑を製造

[*1] 鉄-炭素系状態図において共晶温度 1 147℃では鉄への炭素の固溶限は 2.06%です.
[*2] 溶融した鋳鉄にセリウムやマグネシウムを添加して黒鉛を球状化した鋳鉄.
[*3] H. Bessemer (1813-1898). イギリスの発明家で，ベッセマー転炉の発明者.

したのが初めとされています.

この方法はベッセマー式直接圧延法と呼ばれ,厚さ 7 mm の鋳鉄板を得ることに成功しましたが,当時はまだ周辺技術が伴わなかったために実用には至りませんでした.このほかに,ウッド法,メレン法などが考案され,アルミニウムや銅合金への応用が試みられました.

連続鋳造法が現在のような工業的規模に発展するようになったのは,1933 年,ユングハンス[*4] が鋳型を上下に往復運動させることによって焼付き防止と冷却効果を大きくする方法を考案したのが始まりです.

この方法は最初,銅,アルミニウム,亜鉛などの非鉄金属合金に適用されましたが,その後,プロセスの改良が積み重ねられ,1950 年代になって連続鋳造法として確立され,鉄鋼にも応用されるようになりました.連続鋳造法の原理を図 8.1 に示します.

連続鋳造法において解決されなければならない問題として,金属学的観点からは溶融金属の性質,凝固過程,凝固時の体積変化などが,また工学的な観点からは鋳込み方法,インゴットの引張方法,冷却法,インゴットの切断法などがあげられ,それぞれ成功の鍵を握る重要な因子になっています.現在では効率の高い連続鋳造法が確立されており,銅やアルミニウム合金などの非鉄金属材料だけでなく,鉄鋼材料に対しても広く適用されています.

連続鋳造法の特長として次のことがあげられます.

① 鋳型が不要で,表面(鋳肌)が平滑で美しい.
② 歩留まりがよい(切り捨て量が少ない).
③ 金属組織が微細で偏析のない鋳塊が得られる.
④ 分塊工程が省略できる.

[*4] Junghans.

第 8 章 鋳造技術　　　　　　　　　　　　149

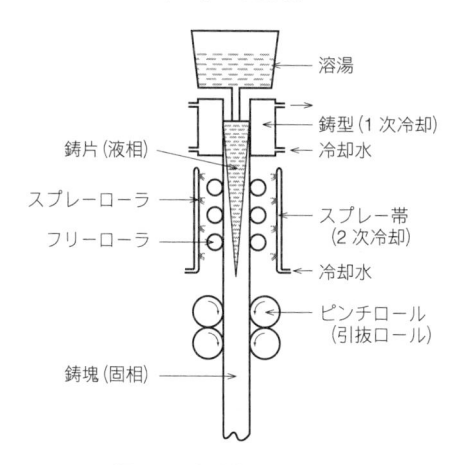

図 8.1　連続鋳造法の原理

8.3　もろい鋳物からの脱却
――― /球状黒鉛鋳鉄とシルミンの改良処理/

　鋳物には，複雑な形状のものを比較的容易につくることができるという特長がありますが，最大の欠点はもろい，機械的強さが小さいということです．しかし，この欠点は溶湯[*5]を処理することによって改善することが可能になり，その代表的な方法に，鋳鉄の黒鉛球状化処理[*6]とシルミン[*7]の改良処理[*8]があります．

　鋳鉄は炭素を約 2～4％も含んでいるために，図 8.2 に示すよう

[*5]　金属の溶解作業において溶融した金属をいいます．作業現場では単に"湯"と呼ばれます．

[*6]　spherulitic (spheroidal) graphite treatment.

[*7]　silumin. けい素が約 12％の鋳造用アルミニウム合金.

[*8]　モディフィケーション（modification treatment）

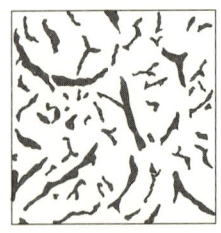

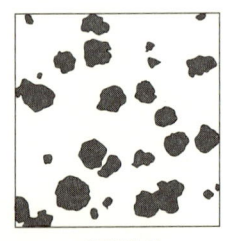

片状黒鉛　　　　球状黒鉛
図 8.2　鋳鉄における黒鉛の形状

に，大きな片状の黒鉛が存在する金属組織となり，強度が著しく小さくなり，展延性がほとんどありません．片状黒鉛の先端が応力集中の切欠き効果を与えるためです．

鋳鉄のこの短所を鋳造のままで改善したいという願望が古くからありましたが，1947 年，イギリスのモロウ[*9]によって片状黒鉛を球状にする方法が発見され，いわゆる球状黒鉛鋳鉄[*10]が開発されました．

この方法は何も処理しなければ片状黒鉛鋳鉄となって凝固してしまうような成分の溶湯に，鋳込み直前に少量のマグネシウムやセリウムを添加することによって黒鉛を球状にするもので，この処理を接種[*11]と呼びます．この処理によって得られる球状黒鉛鋳鉄は，引張強さが 400〜700 MPa，伸びが 10〜20％にもなります．

マグネシウムの添加は最初は金属マグネシウムで行われていましたが，沸点が約 1 100℃であるマグネシウムの大部分が蒸発するの

[*9] H. Morrogh (1917-2003)．鋳鉄の黒鉛化についての研究中に，黒鉛が球状になる場合があることを発見しました．

[*10] ノジュラー鋳鉄（nodular cast iron）またはダクタイル鋳鉄（ductile cast iron）ともいいます．

[*11] イノキュレーション（inoculation）

で，実際にはニッケルや銅とのマグネシウム合金が使用されます．

黒鉛が球状になる機構については定説がありませんが，酸化物核生成説，添加元素微粒子による片状黒鉛生成阻止説などがあります．図 8.3 に球状化された黒鉛の顕微鏡写真を示します．

図 8.3 球状化された黒鉛

一方，非鉄金属の代表的な鋳物合金であるアルミニウム合金鋳物としてアルミニウム–けい素系合金（シルミン）がありますが，この合金の鋳造組織には粗大化したけい素粒子が存在し，機械的性質が劣ります．

この短所は，溶湯に少量のナトリウムを加えて鋳造すると，金属組織が著しく微細になることを 1920 年にアメリカのパック [*12] が発見したことによって改善されました．この方法は改良処理と呼ばれ，金属ナトリウムの添加またはふっ化ナトリウムによる処理によって行われ，この処理を施したシルミンをアメリカでは発明者のパックにちなんでアルパックス（alpax）と呼んでいます．

ナトリウムによる組織の微細化現象については諸説が発表されており，例えば，アルミニウム–けい素–ナトリウム系三元合金生成説，コロイド状ナトリウム生成説，第三のコロイドによるアルミニウム

[*12] A. Pacz (1882–不明).

およびけい素コロイド包囲説などがありますが，十分な説明がなされていません．

図 8.4 に改良処理されたシルミンの顕微鏡組織を示しますが，組織が微細化されていることが明らかです．また，シルミンがけい素含有量 12% の共晶組成であるにもかかわらず，初晶（α相）が出現する理由として，改良処理によって過冷[*13]が著しくなり，見かけの共晶点が過共晶側に移行することが考えられています．

$100\,\mu m$

通常シルミン　　　　　改良処理されたシルミン

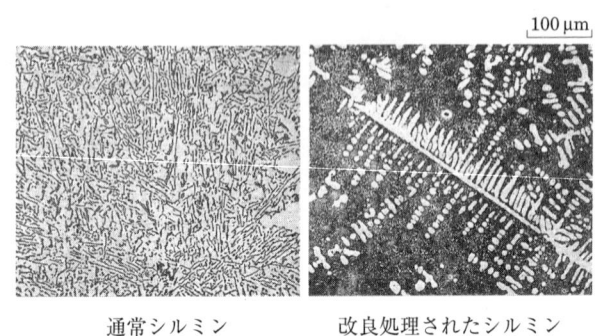

図 8.4 シルミン（Al–12%Si）の金属組織

8.4 金型鋳造の花形 ——————/ダイカスト/

ダイカスト法（die casting process）は，溶融金属に圧力を加えて金型に注入して鋳造する方法であり，鋳肌が平滑で美しく，ほとんど機械仕上げを必要としない状態の鋳物がつくられます．ねじ，歯車，ボスなどの製造に応用されています．ダイカスト法は最初は

[*13] 溶融金属の凝固過程において，液相が熱力学的に平衡な融点に達しても凝固せずに，さらに降下した温度で初めて凝固する現象．

活字の製造に利用されていましたが，19世紀の終わりごろから機械要素への応用範囲が急速に広まってきました．

　一般に，金属を所要の形に整える方法として，鍛造，圧延，押出しなどの塑性加工による方法と，溶融金属からの鋳造による方法とがあります．鋳造の場合は凝固によってガスの放出や収縮が起こるために，引け巣などの鋳造欠陥が生じやすく，塑性加工による場合に比べて製品の機械的性質が劣る傾向にあります．

　そこで，溶湯の温度を下げて，場合によっては半溶融状態のものを金型に押し込めば，鍛造または押出し材に匹敵する製品をつくり出すことが可能になります．このような方法がダイカスト法であり，鋳造法と塑性加工の中間的な方法と考えることができます．

　金属の変形抵抗は，温度が高いほど小さく，温度が低いほど大きいので，温度の高い溶湯を鋳込む場合は特に圧力を必要としませんが，低い温度または半溶融状態で鋳込む場合は大きな圧力が必要になります．一般のダイカスト法では7～25 MPa，圧力鋳物の場合は30～100 MPaの圧力で行われ，低圧方式は亜鉛合金，すず合金，マグネシウム合金など低融点合金の精密鋳造に，高圧力方式は銅合金やアルミニウム合金の精密鋳造にそれぞれ適用されます．

　ダイカスト製品は一般の砂型鋳物に比べて機械的性質が優れており，特に低温の溶湯を高圧力で鋳込んでつくられる圧力鋳物は，塑性加工品と同程度の性質を示します．鋳肌は平滑で，金属組織が微細になり，耐食性も砂型鋳物に比べて改善されます．

第9章　展伸加工技術

9.1　金属は延びて伸びる ─────── /*塑性加工*/

　材料はある応力が負荷された場合，弾性限度内であれば外力を除けば変形が解消されてもとの状態に戻りますが，弾性限界外まで負荷されると永久ひずみを生じて連続的に変形するようになります．この性質を塑性といい，材料に永久変形を起こさせて，形状・寸法を変えることを塑性加工といいます．

　塑性加工の要素として，引張り，圧縮，曲げ，衝撃があり，実際の生産加工法はこれらの要素が組み合わされたものであり，具体的な方法として圧延，引抜き，押出し，鍛造，深絞り，打抜きなどの加工があります．これらの方法によって，金属や合金は，板，棒，線，器，プレートなどさまざまな形状に加工されます．

　金属は，鋳造されたままの状態では粗い鋳造組織になっており，不純物の偏析や鋳巣(いす)などが介在するために，機械的性質が劣ります．しかし，これに変形加工を施すと，粗い結晶粒が壊されて微細化し，同時に不純物も均一に分布されるようになるので，強じんなものになります．このように，変形加工によって材料の特性が改善されますが，その効果が十分に発揮されるためには，一般に鍛造や圧延によって素材の断面積が約 1/4 以下になるまで加工される必要があります．

　変形加工には，高温で行う熱間加工と，常温で行う冷間加工とがあり，両者の区別はおおよそ前者では再結晶が起こるが，後者では起こらないとして差し支えありません．ただし，すず合金のように

常温で再結晶している場合にはこの限りではありません．

さて，金属が塑性加工されると，その内部で結晶学的な変化が起こります．それは集合組織の形成です．集合組織とは，金属が圧延や線引などの塑性加工を受けると，図 9.1 に示すように，個々の結晶粒が加工方向に並んで特定の結晶面だけが規則的に配列することです．

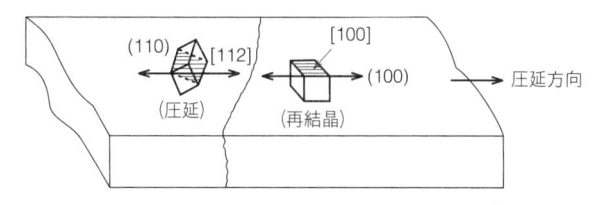

図 9.1 銅の圧延および再結晶集合組織

圧延によって得られる集合組織は圧延集合組織と呼ばれ，さらに，塑性加工によって発達した集合組織をもつ金属を焼なましすると，塑性加工によるものとは異なる別の集合組織，すなわち再結晶集合組織が生じます．

金属はそれぞれ固有の結晶構造をもっており，その結晶面に応じた表面エネルギーをもっていますが，集合組織が形成されれば，それが形成される以前とは異なる表面エネルギーをもつようになります．したがって，集合組織の形成は表面現象にも影響を与えるようになります．

例えば，はんだ付においては母材に対するはんだのぬれ性が重要な因子になっていますが，母材の表面エネルギーが大きいほどぬれ性が良くなります．銅母材の圧延集合組織では表面エネルギーの大きい結晶面[*1]だけが加工方向に並ぶので，圧延された銅母材は，

[*1] 銅の圧延集合組織の優先結晶面は，表面エネルギーの大きい (110) になります．

はんだ付性が良くなります．

このように，塑性加工は機械的な性質に影響するばかりでなく，表面特性にも影響するようになります．

9.2　究極の塑性加工 ———————————— /箔/

金属箔(はく)とは，冷間圧延によって厚さが約 100 μm 以下まで加工された超薄板のことです．私たちの身近にある金属箔としては，台所用品の一つであるアルミニウム箔，いわゆるアルミフォイルがありますが，これは純アルミニウムを約 10〜15 μm[*2] の厚さまで圧延したものです．圧延効率を高めるために，最終工程で離型剤を塗布した 2 枚の素材を重ねて圧延し，それを引きはがす方法で行われます[*3]．

現在，工業材料としての箔は金，銀，銅，アルミニウム，ニッケル，すず，鉛，チタン，パラジウム，黄銅，青銅，ステンレス鋼などについて製造されており，クラッド材としての複合材料にも応用されています．圧延技術の進歩によって厚さ 1 μm 以下の超薄箔も製造されるようになっています．

素材から板や箔を製造するためには圧延機が用いられますが，その基本原理は二つのロールの間で素材を押し延ばすことであり，かなり古くから行われていた方法です．冷間圧延による薄板の製造は，初期には図 9.2 に示すような 2 段ロールがもっぱら用いられていましたが，その後，4 段ロールが用いられ，順次，段数を増した圧延機が使用され，ついに 20 段圧延機が開発されるようになりまし

[*2]　1 μm は 1 mm の 1/1 000．
[*3]　アルミフォイルの光沢面が圧延面であり，くもっている梨地面が引きはがし面です．

た[*4]. この圧延機はゼンジミア圧延機（Sendzimir cold strip mill）と呼ばれ，アメリカのアームゼン（Armzen）社で開発されたものです．

ゼンジミア圧延機は，図 9.3 に示すように，小径のワークロールを補強ロールが取り巻くように配置されており，ハウジングと呼ばれる強固な枠の中におさめられた構成になっています．圧延加工では，素材に直に接するワークロールの直径が圧下率[*5]に大きく影響し，力学的にそれが小さいほど圧下率が大きくなります．

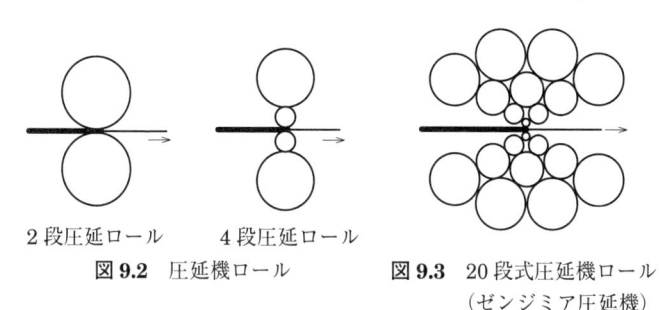

2段圧延ロール　　4段圧延ロール

図 9.2　圧延機ロール　　　**図 9.3**　20段式圧延機ロール
　　　　　　　　　　　　　　　　　　（ゼンジミア圧延機）

ゼンジミア圧延機のワークロール径は約 50 mm であるため，1回の圧下率が大きく，硬質合金鋼に対しても中間焼なましを行わずに圧延が可能です．例えば，シリコン鋼鈑に 70% の圧下率を与えることができます．ステンレス鋼のような硬質材の圧延や，箔のような超薄板材の精密圧延に適用されています．最近では，ゼンジミア圧延機以外に，Y ミルや Z ミルのようなクラスタミルと呼ばれ

[*4]　圧延機ではロールの数によって 2 段圧延機，4 段圧延機のように呼びます．
[*5]　圧延率ともいいます．圧延前の厚さと圧延後の厚さとの差を圧延前の厚さで割った百分率．現場ではこれを "コロシ" と呼び，ワークロールの径が小さいほどコロシが利く，などといいます．

る各種の圧延機が開発されています.

なお,金属箔は金属の展性を利用してもつくられ,その代表的な例は金箔であり,鎚打ち法によって厚さが 0.2〜0.3 μm の箔が得られます.この方法は,厚さ 30〜50 μm の延金とハトロン紙を交互に約 200 枚を重ね,これを鎚でたたいて金箔を得る方法であり,わが国に古くから伝わる技法です.

9.3 古くて新しい加工法 ——————— /伸線加工/

伸線加工とは,図 9.4 に示すように,ダイス (dies) と呼ばれる円錐状の孔型を通過させて,順次細い径の線材にすることであり,線引とも呼ばれ,塑性加工の中でも最も古くから行われている方法です.

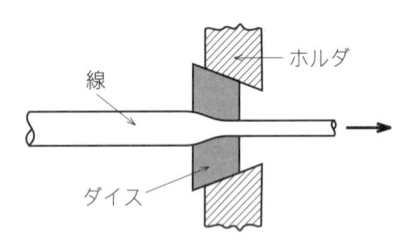

図 9.4 伸 線 加 工

伸線加工は鉄線,鋼線,銅線,アルミニウム線などの製造に適用され,また,電子工業における半導体デバイスの接続,いわゆるワイヤボンディングに使用される金細線(ボンディングワイヤ)の重要な製造手段になっています.硬鋼線はエレベータや牽引用のロープに用いられ,銅線は送電線や電気・電子機器の導線として欠くことのできない素材になっています.

ダイスに用いられる材料はクロム鋼やクロム-タングステン鋼な

どですが，最近では焼結合金が多く用いられており，極細線にはダイヤモンドダイスが使用されます．また，伸線加工法として伸線方向と逆方向に張力を加えながら行う方法があり，これは逆張力伸線法[*6]と呼ばれ，ダイスの負担が軽くなり高速伸線が可能になります．

さて，電気産業においては導線としての線材が重要ですが，特にマイクロエレクトロニクス分野においては，金細線が必要不可欠になっています．金細線はICやLSIなどの半導体デバイスの電極と外部引き出し用リードとの接続，いわゆるワイヤボンディングに用いられます．

金細線は純度99.99%の丸棒状の金インゴットを鏡面に磨いた溝圧延機で直径が約30 mmの丸棒にし，次いでダイスを通して伸線します．順次，径の小さいダイスを通して細線にしますが，径の異なる約80個のダイスを通して，最終的に線径25〜50 μmの極細線に仕上げます．不純物の混入，表面の傷などが伸線過程での断線につながるため，その作業には細心の注意が払われ，最終の巻取り作業はクリーンルームで行われます．

金細線の製造はまさに最先端の塑性加工です．伸線加工は，一般の針金（鉄線）からワイヤボンディング用金細線まで適用される古くて新しい技術であるといえます．

ここで，特異な伸線加工の一つに"やに入りはんだ"[*7]の製法があります．はんだごてを用いる通常の手はんだ付には糸はんだと呼ばれる線はんだが使用されますが，それにはフラックス[*8]が内蔵

[*6] 逆張力（バックテンション）法は圧延加工においても応用されています．

[*7] 線はんだ，または成形はんだにフラックスがあらかじめ内蔵されているはんだ．

されています．フラックスが内蔵されている線はんだがやに入りはんだであり，図 9.5 に示すように，冷間または熱間押出しと伸線によって加工されます．線径が 0.5〜1.5 mm のものが多く使用されています．

この場合，フラックスの内蔵法が重要であり，はんだ付に際してフラックスの供給をスムーズにし，かつ，フラックスの飛散を防止するために種々の方式が採用されています．図 9.6 にやに入りはんだの断面の例を示します．

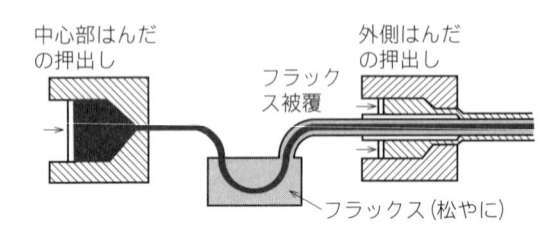

図 9.5 やに入りはんだの製造工程

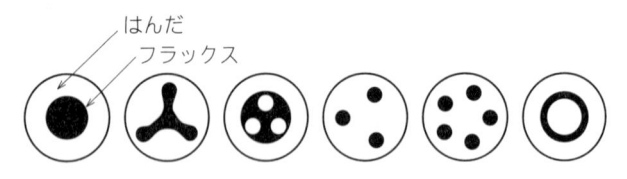

図 9.6 やに入りはんだの断面

[*8] はんだ付母材やはんだ表面の酸化膜を除去するために用いられる溶剤で，松やにを主成分とするものが多く使用されます．塩化亜鉛などの無機塩化物が使用される場合もあります．

第10章 接合技術

10.1 ものづくりの原点技術 ────── /接合技術/

　私たちの日常生活に最も古くからかかわってきた技術は，物と物とを"つける技術"，すなわち，接合技術ではないでしょうか．物と物とを接合する技術が確立されれば，個々の材料の特性を活かしながら異種材料を組み立てることによって，新しい機能をもった機器をつくり出すことが可能になります．これらの有機的な積み重ねが人類の生活を豊かにし，文明を発展させてきました．

　ここで，接合技術の歴史をさかのぼってみると，まず，原始時代には住居や日用品を組み立てる場合には，木の枝やつるで縛るような単純で簡単な方法が用いられていたと考えられます．この方法は現在におけるボルト締めや，リベット打ちなどによる機械的締結法の原点にもなっている技術として位置づけられます．やがて，生活手段としての材料は，木や石にかわって金属が用いられるようになり，冶金学的接合方法が一つの技術として確立されるようになったと考えられます．

　人類が金属を手に入れたのは紀元前 3500 年から 2500 年ごろであるとされていることから，その当時既に金属を接合する方法が考えられていたとすれば，接合技術の歴史は現在まで，実に 5 000 年もの長きにわたっていることになります．

　金属を接合するために考えられた最初の方法は，金属どうしを強くたたいてつける方法，すなわち，現在の鍛接法[*1]であったと考えられます．この方法は，主に農具，狩猟具などの身近な生活用品

や用具に応用されていたと考えられます.しかし,いろいろな金属を複雑に接合する場合には,単にたたいてつけるだけの方法では不都合なことから,次に考え出された接合方法は,低融点の金属を接合部に流し込んでつける方法であり,これが現在のろう付やはんだ付技術へと発展したと考えられます.さらに,接合しようとする金属材料を溶融することによって接合するアーク溶接法,ガス溶接法,電子ビーム溶接法,レーザ溶接法が開発されましたが,これらの発明は高温度の熱源の開発に深くかかわっています.

このように,金属を接合する技術としては,鍛接法およびろう接法が長い間用いられてきましたが,近代的な接合技術であるアーク溶接法やアセチレン溶接法が開発されたのは19世紀末から20世紀初頭にかけてです.そして,電子ビーム溶接法やレーザ溶接法が開発されたのは20世紀中ごろであり,実用に供されてまだ50年あまりの新しい技術です.

接合技術は,図10.1に示すように,ねじ締結やリベット締結などの機械的締結,ガス溶接や鍛接などの溶接,有機化合物による接着に大別されますが,中でも溶接は主要な接合技術に位置づけられています.溶接は,融接,圧接,ろう接に分けられます.

接合技術が多くの産業分野で適用されるようになると,接合部の信頼性,つまり接合部が確実に接合されているかどうかが重要な課題として浮上してきました.日用雑貨の接合部の信頼性に対しては必ずしも絶対的なものを望んでいないのが実状であり,接合部がはがれたり,破損したりした場合には,再び接合して補修すればよいとする安易な考えのもとに受け入れられています.

これに対して,宇宙航空機産業,造船産業,自動車産業,電子産

[*1] 加熱した金属材料を重ね合わせて押しつぶすことによって接合する方法.

業などの現代を代表する産業においては，種々の材料や部品を接合し，組み立てる技術，いわゆるアセンブリ技術が主役となっているために，その接合部の信頼性が何にも増して重要視されるようになっています．接合部の破損は飛行機，自動車，電子機器などが使用不能になるばかりでなく，それによって人命さえもが脅かされるようになるからです．

接合技術はまさに現代産業を支えている基幹技術であるといっても過言ではなく，その信頼性が極限まで高められることによって，初めて私たちの生活の安心と安全が確保されるといえます．

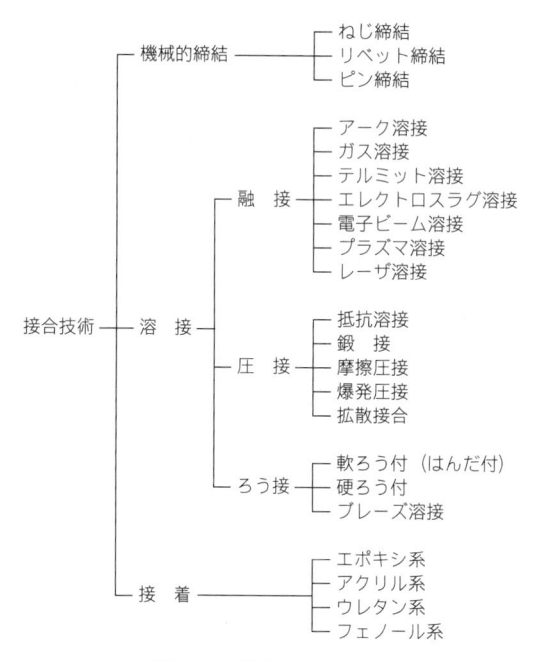

```
接合技術 ─┬─ 機械的締結 ─┬─ ねじ締結
          │                ├─ リベット締結
          │                └─ ピン締結
          │
          ├─ 溶  接 ─┬─ 融  接 ─┬─ アーク溶接
          │          │          ├─ ガス溶接
          │          │          ├─ テルミット溶接
          │          │          ├─ エレクトロスラグ溶接
          │          │          ├─ 電子ビーム溶接
          │          │          ├─ プラズマ溶接
          │          │          └─ レーザ溶接
          │          │
          │          ├─ 圧  接 ─┬─ 抵抗溶接
          │          │          ├─ 鍛  接
          │          │          ├─ 摩擦圧接
          │          │          ├─ 爆発圧接
          │          │          └─ 拡散接合
          │          │
          │          └─ ろう接 ─┬─ 軟ろう付（はんだ付）
          │                     ├─ 硬ろう付
          │                     └─ ブレーズ溶接
          │
          └─ 接  着 ─┬─ エポキシ系
                     ├─ アクリル系
                     ├─ ウレタン系
                     └─ フェノール系
```

図 10.1 接合技術の分類

10.2 接合技術の王者 ————————————— /溶接/

溶接は最も広く利用されている金属接合法であり,前に述べたように,融接,圧接,ろう接に分類され,その接合様式は図 10.2 のようになります.それぞれはどのような接合法なのでしょうか.

融接は接合しようとする母材どうしを,または母材と溶加材[*2]とをともに溶融して接合する方法であり,接合部には溶接の過程で液相が形成されます.接合強さは非常に大きく,母材のそれと同等またはそれ以上になります.しかし,母材を融点よりも高い温度まで加熱しなければならないので,高温まで加熱するための熱源が必要であり,融点の高い母材に対してはそれだけ高い温度の加熱源が必要になります.

高温度の熱源としてはアーク(電弧),アセチレンガス炎,電子ビームなどが発明されました.融接にはアーク溶接法,ガス溶接法,テルミット溶接法,エレクトロスラグ溶接法,電子ビーム溶接法などがあり,鉄鋼を始め,鋳鋼,銅合金,アルミニウム合金などに対する接合法として広く利用されています.

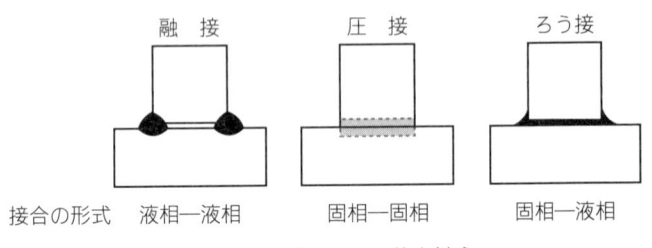

	融接	圧接	ろう接
接合の形式	液相―液相	固相―固相	固相―液相

図 10.2 溶接における接合様式

[*2] 溶接の際に付加される金属材料.融接における溶接棒,ろう接におけるろうやはんだです.

圧接は母材を溶融することなく，固相のままで加圧と加熱とによって接合する方法であり，接合部には原則として液相は形成されません．接合される母材の形状に制限が加えられることが難点になっています．圧接には抵抗溶接法，ガス圧接法，鍛接法，摩擦圧接法，超音波溶接法があり，母材の種類や形状に応じて利用されています．

ろう接は母材を溶融することなく，ろうやはんだの溶加材だけを溶かし，これを接合間げきに流入し，充填（じゅうてん）して接合する方法であり，接合部にはろう，または，はんだだけの液相が形成されます．はんだやろうの融点によって，約150℃の低温域から約1200℃の高温域までの広範囲にわたる接合法として利用されています．

はんだ付は，電子工業におけるプリント基板や電子部品の接合に不可欠な接合技術として，また，ニッケルろうやパラジウムろうによる耐熱合金の接合は，他の方法では行うことができない特異な接合技術になっています．

このように，溶接は金属に対する重要な接合法であり，物を組み立て，生産する基幹技術として位置づけられています．

10.3　現代接合技術の華 ── /マイクロソルダリング/

ソルダリング，つまり，はんだ付とは，接合しようとする部材を溶融することなく，はんだだけを溶かし，これを接合部に流し込んで接合する方法です．はんだ付は古くから使われてきた接合技術であり，その起源は青銅器時代や，さらには鉄器時代にまでさかのぼるとされています．

しかも，はんだ付は歴史が古いだけではなく，現代では電子工業における重要な接合技術あるいは生産技術として広く活用されており，デジタルカメラや携帯電話に代表される電子機器の製造は微小

はんだ付,いわゆるマイクロソルダリングに大きく依存しています.はんだ付なくして電子工業は存在しえなく,はんだ付の進歩なくして電子工業の発展はありえません.はんだ付が現代の電子工業に果たしている役割の大きさと重要さを改めて思い起こす必要があります.

さて,携帯小型ラジオ,ビデオカメラ,携帯電話機などの例に見られるように,電子機器をできるだけ小型化し,軽量化することが現代の電子工業における大きな課題になっていますが,それを推し進めるためには,まず第一に実装密度[*3]を高めることが必要です.

とりわけ,プリント配線板を高密度化することがその鍵を握っているといえます.プリント配線板を高密度化するための基本要因として,次のことをあげることができます.

① 配線回路(パターン)を微細にし,高密度にする.
② 電子部品を微小にする.
③ 微小接合技術を確立する.

これらの要因がすべて満たされて初めて,プリント配線板の高密度化が達成され,それが電子機器の小型化に結びつきます.現状では,①と②は著しい発展を遂げており,今後,さらなる微細化と微小化が進められる可能性をもっています.

しかし,問題なのは③が①と②の進歩に追いついて行けないことです.つまり,③がプリント配線板の高密度実装化を達成する鍵を握っているといえます.③が十分でないために,プリント配線板の高密度化の発展が妨げられており,逆に,③が進歩すればするほどプリント配線板の高密度化が進められることを意味しているといえます.このような理由から,プリント配線板に対する微小接合法と

[*3] 基板単位面積当たりの実装電子部品の個数.

してのマイクロソルダリングが重要になってくるのです.

マイクロソルダリングとはその名のとおり,微小部をはんだ付することであり,一般には数ミリメートル以下の部材が対象になります.マイクロソルダリングは応用面から二つの技術分野に分けることができます.一つは半導体と導体との接続,あるいは半導体や電子部品相互間の電気的接続を目的とした微小はんだ付であり,他の一つはICのパッケージングに応用される場合です.

ところで,マイクロソルダリングではミリメートル単位の大きさの部材(部品)が対象にされるので,必然的にはんだ付部が微小になり,そのため,いかに精巧なはんだごてを使っても正確にはんだ付することは到底できません.特に,現代のマイクロエレクトロニクス分野では,微小はんだ付部材の正確な位置合わせや高密度端子間のピッチ調整が重要になっていますが,これらを機械的な方法で制御しようとすると,いかに精巧な装置によっても確実に調整することは不可能です.

しかし,これらは溶融はんだの表面張力,粘度などの物性と,金属学的な特性を,はんだ付の過程に巧みに応用することによって解決することができます.その具体的な方法にCCB法[*4]があります.

この方法は半導体をセラミックス基板に高密度ではんだ付する技術として,1966年ごろアメリカIBM社のミラー[*5]らによって開発されたもので,シリコンウェハへのはんだバンプ(微小な突起状はんだ塊)の形成,チップの位置合わせ,端子間のピッチのずれ修正などに効率よく応用されています.図10.3はCCB法による端子間のピッチのずれ修正の例であり,リフロー(はんだ付)過程での溶融はんだの表面張力を応用するものです.図10.4に高密度実

[*4] controlled collapse bonding の略.
[*5] L.F. Miller.

装プリント配線板の例を示します.

ところで,半導体やパッケージの実装法として BGA[※6] 法が多く採用されるようになりました.BGA 法は図 10.5 に示すように,ピンやリード端子のかわりにバンプを用いる接合法であり,端子となるバンプをパッケージの裏面に格子状に配置するものです.

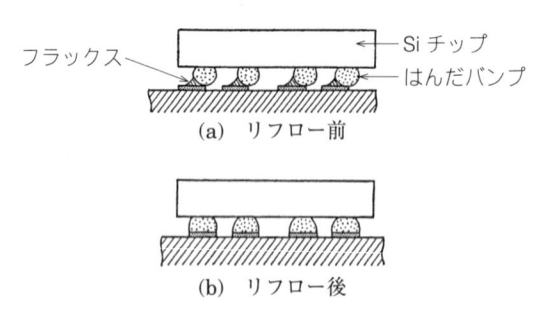

図 10.3 CCB 法による自己位置修正

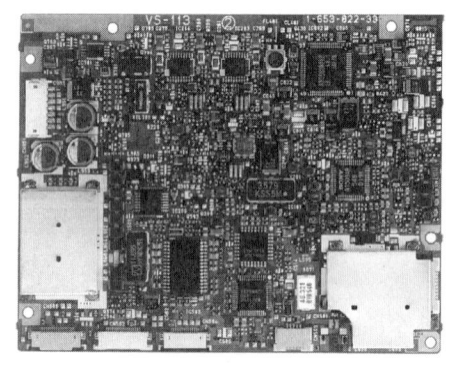

図 10.4 高密度実装プリント配線板
（基板の大きさ 103 mm×80 mm）

[※6] ball grid array の略.

この方法の特長として,バンプを面状に配置することができるために,多ピン化が可能になり,バンプピッチを大きくすることができるので高密度実装が容易になることがあげられます.電子機器の小型化に伴う高密度基板に対応するための実装法の切り札となっており,携帯電話やデジタルカメラを始めとする多くの電子機器に適用されています.

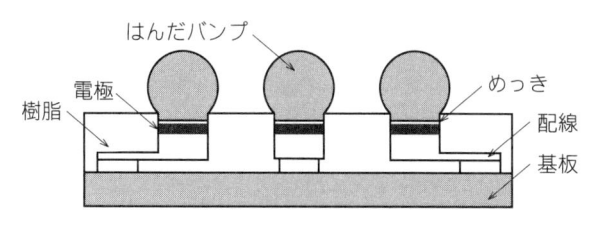

図 10.5 BGA 法の基本構造

10.4 特異な接合法 ──────── /拡散接合/

拡散接合とは,母材どうしを接触させ,両者の間に起こる原子の拡散反応によって接合する固相接合法の一種です.JIS の定義 [*7] によれば,拡散接合とは"母材を密着させ,母材の融点以下の温度条件で,塑性変形をできるだけ生じない程度に加圧して,接合面間に生じる原子の拡散を利用して接合する方法"となります [*8].拡散接合が工業的に実用に供されたのはアーク溶接やガス溶接などのほかの接合法に比べれば比較的新しく,1950 年以降です [*9].

拡散接合の特長として,精密組み立て接合が可能である,複雑な

[*7] JIS Z 3001(溶接用語)
[*8] 外国では diffusion welding, diffusion bonding, diffusion joining などと呼ばれます.

形状または中空部品の接合が可能である，アーク溶接などの溶融溶接が困難な部材の接合が可能である，新材料の接合に適用できる，異種材料の接合が容易であることなどがあげられます．

現在では，拡散接合はクラッド材，複雑な形状の組み立て部品などに応用されており，また，異種材料の組合せの接合にも適用されています．具体的な例として，ロケット燃料ポンプ用インペラ（チタン合金），高効率ガスタービン用高圧燃料機（コバルト基合金），クラッド材（銅/ステンレス鋼），蒸気タービン部品（チタン/ステライト），連続鋳造用モールド（耐磨耗材/銅合金/ステンレス鋼）などがあり，製品の高品質化と高性能化を目的として採用されています．

拡散接合法としては，図 10.6 に示すように，接合母材どうしを直接接合する直接拡散接合と，接合間隙に第三の金属（インサート金属）を挟んで接合する液相インサート拡散接合とがあります．

直接拡散接合の原理は，平滑で酸化膜や汚れのない母材が接することによって原子が移動することです．しかし，接合面を原子レベルで平滑に，かつ清浄にすることは極めて困難であるために，一般には真空中で行われます．実在の母材表面は微小な凹凸があり，また，酸化膜や吸着ガスなどで覆われていますが，これらは接合を妨

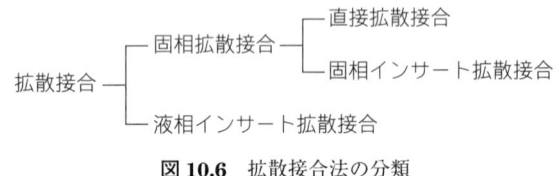

```
                       ┌─ 直接拡散接合
         ┌─ 固相拡散接合 ┤
拡散接合 ─┤              └─ 固相インサート拡散接合
         └─ 液相インサート拡散接合
```

図 10.6 拡散接合法の分類

[*9] 拡散接合そのものは，エジプトのピラミッドから発見されたツタンカーメンの黄金の面の作製に応用されていたことが知られています．

げる大きな原因になっています．

直接接合の過程として，接合面の凹凸の変化による密着面積の増加過程，および密着部での酸化皮膜の挙動が重要になります．直接拡散接合における接合過程の模式図を図 10.7 に示します．

液相インサート拡散接合は"接合面間のインサート金属を一時的に溶融・液化し，これの母材への拡散によって等温凝固させて接合する"ことであり，TLP 接合法[*10] とも呼ばれます．接合界面の組織変化と状態図との関係を図 10.8 に示します．この方法は接合が

図 10.7 拡散接合における接合過程の模式図

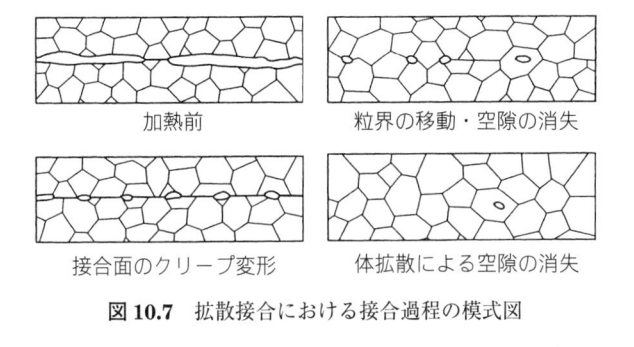

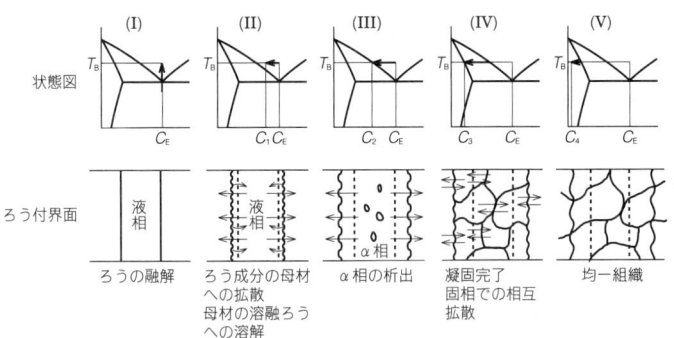

図 10.8 接合界面の組織変化と状態図との関係

困難なニッケル基耐熱材料の接合法として開発されましたが，その後，多くの材料に対する信頼性の高い接合法として実用に供されています．

また，この方法を発展させた拡散ろう付法として，アルミニウム合金鋳物の接合にも応用され，例えば，シルミン[*11]を銅または黄銅をインサートメタルとすることによって接合界面に低融点の三元[*12]または四元の共晶合金[*13]を生成させ，それによって接合することも可能です．その接合界面組織写真を図10.9に示します．

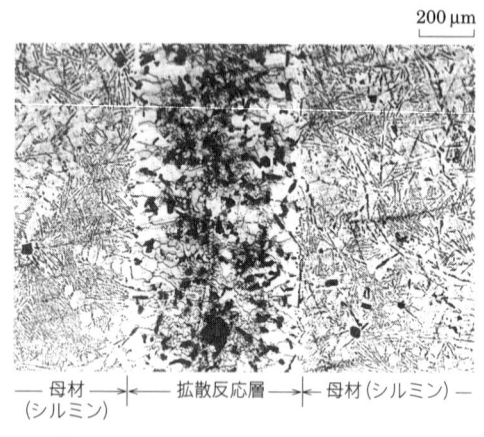

200 μm

── 母材 ──┼── 拡散反応層 ──┼── 母材(シルミン) ──
　(シルミン)

図 10.9 シルミンの拡散ろう付界面組織
[インサート金属：黄銅(30%Zn)]

[*10] transient liquid phase bonding の略．
[*11] Al-Si 系鋳物合金．
[*12] Al-Cu-Si 系三元共晶．
[*13] Al-Cu-Si-Zn 系四元共晶．

第11章 めっき技術

11.1 装飾・防せいから工業材料まで ──/めっき/

めっきは，これまでは装飾や防錆(ぼうせい)，あるいは材料の機械的性質を改善する目的のために行われていましたが，最近のめっきはそればかりではなく，特に電子工業などにおいて生産技術の一翼を担う重要な表面処理法に位置づけられています．

一例をあげれば，プリント配線板や電子部品に対する導電めっきから，ICや磁気記録または記憶媒体に至るまで広く応用されています．一口にめっきといっても多種多様のものがあり，図11.1に示すように，溶融金属浸漬法，電気めっき法，無電解めっき法，蒸着やスパッタリングなどのドライめっき法があります．

溶融金属浸漬法は，すずや亜鉛などの溶融金属に部材を浸漬(しんせき)して

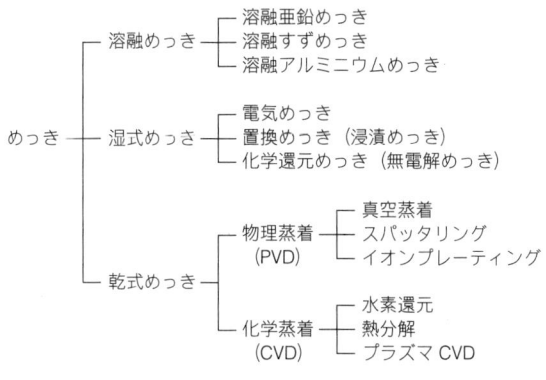

```
めっき ─┬─ 溶融めっき ─┬─ 溶融亜鉛めっき
        │              ├─ 溶融すずめっき
        │              └─ 溶融アルミニウムめっき
        │
        ├─ 湿式めっき ─┬─ 電気めっき
        │              ├─ 置換めっき（浸漬めっき）
        │              └─ 化学還元めっき（無電解めっき）
        │
        └─ 乾式めっき ─┬─ 物理蒸着 ─┬─ 真空蒸着
                        │  (PVD)     ├─ スパッタリング
                        │            └─ イオンプレーティング
                        │
                        └─ 化学蒸着 ─┬─ 水素還元
                           (CVD)      ├─ 熱分解
                                      └─ プラズマCVD
```

図11.1 めっき法の分類

行う金属被覆法であり，主に鉄鋼材料の防せい処理に利用されます．すず引き鉄板（ぶりき板），亜鉛引き鉄板（トタン板）が代表的ですが，アルミニウムを被覆する方法（アルミナイジング）もあります．

電気めっき法と無電解めっき法は，最も広く行われている一般的な方法です．金属塩を含む溶液から金属イオンを還元することによって固体表面に金属皮膜を形成させる方法として，電気めっき，置換めっき，還元めっきがあります．

これらは，いずれも溶液中の金属イオンがイオン価に相当する電子を得ることによって個体表面に析出して金属皮膜を形成することに変わりはありませんが，それぞれの場合に電子の供給源が異なっています．これらの方法の原理を図 11.2 に示します．

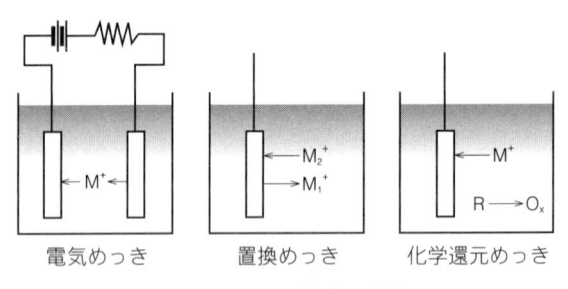

図 11.2 めっき法の原理

電気めっき法の原理は電解液からの陰極析出反応であり，外部電源から供給される電子が陰極で金属イオンに転移し，陰極表面に金属皮膜が形成されます．この場合，対極として溶解性の陽極を用いれば，陰極への析出によって減少する金属イオンの供給が自動的に行われるために，めっき液の組成が一定に維持されるようになります．

置換めっき法は,異種金属のイオン化傾向の相違を利用するものです.電気化学的に貴な金属(M_2)イオンを含む溶液中に,それの卑な金属(M_1)を浸漬すると,卑金属が溶解することによって放出される電子が溶液中の貴金属イオンへ転移し,卑金属表面に貴金属の皮膜が形成されます.硫酸銅溶液に鉄板を浸漬すると,鉄板表面に銅が析出しますが,この原理を利用して,銅精錬所では所内からの排水に鉄片を浸漬して銅を回収しています.

化学還元めっきは,金属塩と可溶性還元剤(R)が共存する溶液に固体金属を浸漬した場合に得られ,還元剤が酸化されることによって放出される電子が金属イオンに転移し,金属皮膜が形成されます.この原理はガラス面に銀鏡を形成させる,いわゆる銀鏡反応として古くから知られていましたが,1844年にウルツ[*1]はニッケル塩溶液から次亜りん酸によってニッケルを析出させることを見いだし,それが端緒となってニッケルの無電解めっき法が開発されるようになりました.現在ではカニゼン法(KANIGEN Process)として広く用いられています.

ドライめっき法には,物理蒸着法[*2]と化学蒸着法[*3]があります.物理蒸着法には図11.3に示すような方法があり,いずれもめっき素材を真空中で蒸発させて部材表面に付着させる方法です.これらの方法は,半導体,IC,LSIなどの製造に不可欠になっています.

化学蒸着法の原理は,揮発性の金属化合物を気化させ,高温に加熱された部材との接触反応によって目的の金属または金属化合物を析出させる方法です.この方法における析出機構は複雑であり,拡散,還元反応,熱分解など,さまざまな化学反応が関与し,物理蒸

[*1] A. Wurtz.
[*2] PVD (physical vapor deposition)
[*3] CVD (chemical vapor deposition)

176　　　　　　　　　　　　III　金属の加工技術

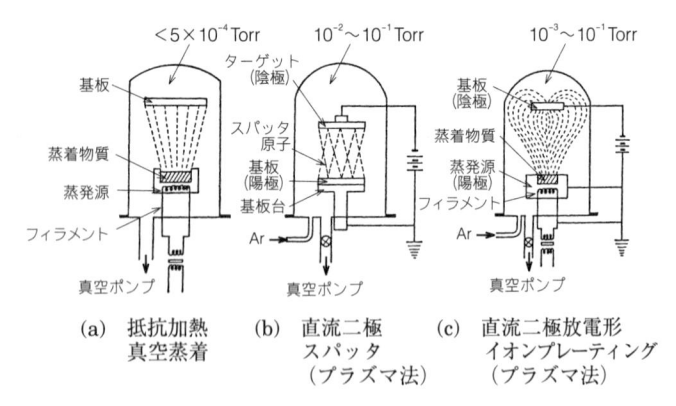

```
  <5×10⁻⁴ Torr       10⁻²〜10⁻¹ Torr      10⁻³〜10⁻¹ Torr
```

(a) 抵抗加熱　　(b) 直流二極　　(c) 直流二極放電形
　　真空蒸着　　　　スパッタ　　　　イオンプレーティング
　　　　　　　　　（プラズマ法）　　　（プラズマ法）

図 11.3　物理蒸着法（PVD）

着のように単純ではありません．

　このように，"めっき"は材料の装飾や防せい処理などのマクロな分野から半導体や磁気記憶媒体などの私たちが直接に目に触れることのないミクロの分野まで，幅広く利用されている重要な表面処理技術になっています．

11.2　技術は巡る ——————— /めっきの役割/

　はんだ付もめっきも，工業的には必要不可欠な重要な技術であることは明らかです．はんだ付は古くから使い続けられている接合技術であり，めっきも古くは硝酸銀溶液にブドウ糖のような還元性物質を添加することによってガラスの表面に銀を析出させる，いわゆる銀鏡反応がありました．

　しかし，社会の混乱によって物資が不足する状況下では，これらの技術が安物あるいはイミテーションをつくる役を担わされるようになります．わが国においても，第二次世界大戦後の混乱期には物

第 11 章 めっき技術

資が極端に不足し,物が手に入らない時期がありました.そのような状況下ではあり合わせの材料で物がつくられましたが,その手段とされたのが"はんだ付"と"めっき"でした.

はんだ付は物を組み立てる接合技術として,めっきは物の価値を高める装飾技術として盛んに使われました.はんだ付もめっきも物がない時代の救世主的技術として登場しましたが,この事実は,裏を返せばそれだけ融通の利く,優れた技術であることの証でもあるといえます.はんだ付は鍋釜の修繕から腕時計の修理にまで使われ,めっきは貴金属装飾品の紛い物(にせもの)を生み出すようになりました.結果として,当時は,物が壊れた場合は,はんだ付による接合だからどうしようもない,めっきだからはがれるのは当たり前だ,と思われるようになり,はんだ付もめっきも信頼されない技術の代表格のように位置づけられていました.

それから時代が過ぎて,わが国の技術の進歩は目覚ましく,その間におけるはんだ付とめっきが果たしてきた役割は戦後の物不足における役割とは比べるべくもないほど重要になっています.そして,現在では,その役割の重要さは電子工業において究極に達しています.つまり,現代の電子工業では半導体が主導権を握っていますが,その製造にはめっき技術が不可欠であり,通常の電気めっき法はいうに及ばず,真空蒸着,スパッタリング,イオンプレーティングなどのドライめっき法が最重要技術に位置づけられています.めっき技術なくして半導体はつくれません.

一方,電子機器の製造は各種の部材や部品を組み立てることですが,その主要技術は接合技術であり,はんだ付がその役を全面的に担っています.特に,最近の携帯電話やデジタルカメラなどの小型化された電子機器においては,マイクロソルダリングが現代微小接合技術の要となっています.はんだ付なくして電子機器はつくられ

ません.

はんだ付とめっきは,時代という波によって技術の位置づけが左右されてきましたが,それらに秘められている"真の力"は,他の追随を決して許さない"永久(とわ)の技術"のように思われます.

11.3 実装技術の陰の立役者 ───── /複合めっき/

めっきは電子工業における半導体やICの製造に不可欠になっていますが,同時に,電子機器の実装技術においても重要な役割を担っています.実装技術とは,電子機器を構成する電子部品を体系的に接合し,組み立てる一連の技術であり,中でも接合技術としてのはんだ付がその中枢の技術になっています.めっきとはんだ付とは切っても切り離せない関係にあります.

電子機器の部品は,配線回路の導体とが一般には"はんだ付"によって接続されていますが,はんだ付の過程において,はんだの主成分であるすずと,導体である銅との反応によって接合界面に金属間化合物が生成され,また,電子機器の稼動時にそれらの化合物が成長し,結果として,それが原因となって接合部が破壊するようになります.

この難点を解決するために,通常は導体にニッケルめっきを施してすずと銅との反応を抑制し,はんだ付性を改善するためにニッケルの上に金をめっきする複合めっき法が採用されています.ニッケルめっきとして,一般には無電解法によるニッケル-りん系が適用されます.施される金めっきの厚さは 0.03〜0.06 μm です.

さて,最近の電子機器は小型化,軽量化に伴って,電子部品や半導体などの高密度実装が推し進められています.このようなことから,実装技術も従来のQFP[*4]実装からエリア表面実装のBGA[*5]実

装へと飛躍的に進歩し，発展してきましたが，これらの高密度実装に適応するニッケル(りん)-金めっき(Ni-P/Au)処理を確立することが重要になってきました．なぜなら，それがはんだ付性やはんだ接合強さに影響し，結果として接合部の信頼性を左右するようになるからです．

具体的には，図 11.4 に示す BGA 実装の接合部において，はんだ付の過程でニッケルめっきに含まれるりんが，はんだのすずと化合したり，また，はんだ付界面にりんに富んだ層が形成されたりして，このことが熱疲労などの接合強さに影響するようになります．

これらの問題が接合部の信頼性に大きく影響し，ひいては電子機器そのものの信頼性を左右するようになります．このような理由から，無電解めっきにかえて電気めっきを適用する方法も検討されています．電子工業における実装技術の信頼性は，ひとえにニッケル-金の複合めっきの成否がその鍵を握っているといえます．

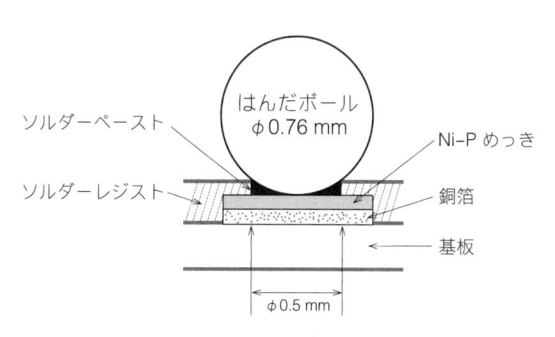

図 11.4 BGA 法における接合部構成

[*4] quad flat package. 四辺形の周辺に接続端子をもつパッケージ．
[*5] ball grid array. 外部端子のリードをはんだボールに置きかえた，リードレスのパッケージ．

参 考 文 献

1. 三島德七(1938)：金屬材料及其熱處理，共立出版
2. 濱住松二郎(1961)：新金相學，三栄出版社
3. 石田求(1959)：金属材料，槇書店
4. 阿部秀夫(1967)：金属組織学序論，コロナ社
5. 椙山正孝(1963)：非鉄金属材料，コロナ社
6. 吾妻潔ほか編(1970)：金属物理学，朝倉書店
7. 清水要蔵(1969)：合金状態図の解説，アグネ
8. 寺島良安(1970)：和漢三才図会，東京美術
9. 進藤俊爾(1983)：鑞付と溶接の話，論創社
10. 大澤直(2000)：はんだ付の基礎と応用，工業調査会
11. 大澤直(2001)：はんだ付のおはなし，日本規格協会
12. 鵜飼義一編(1983)：表面技術総覧，広進社
13. 田中良平(1979)：極限に挑む金属材料，工業調査会
14. 中沢護人(1979)：鋼の時代，岩波書店
15. 西沢泰二，佐久間健人(1979)：金属組織写真集，日本金属学会
16. 森永卓一編(1972)：非鉄金属顕微鏡写真集，日刊工業新聞社
17. M. Hansen (1958) : Constitution of Binary Alloys, McGraw-Hill
18. Manrell (1958) : Engineering Materials Handbook, McGraw-Hill
19. J.F. Young (1959) : Materials and Processes, Wiley and Tuttle
20. J.H. Cairns and P.T. Gilbert (1967) : The Technology of Heavy Non-ferrous metals and Alloys, J.W. Arrowsmith
21. A.G. Guy (1972) : Introduction to Materials Science, McGraw-Hill
22. L.F. Mondolfo (1976) : Aluminum Alloys, Butterworths
23. John. E. Neely (1979) : Practical Metallurgy and Materials of Industry, John Wiley and Sons
24. Carl L. Yaws (1977) : Physical Properties, McGraw-Hill

付表 元素名および記号

| 元素名 | | 記号 | 元素名 | | 記号 |
日本語	英　語		日本語	英　語	
亜鉛	Zinc	Zn	チタン	Titanium	Ti
アルミニウム	Aluminium	Al	窒素	Nitrogen	N
アンチモン	Antimony	Sb	鉄	Iron	Fe
硫黄	Sulfur	S	トリウム	Thorium	Th
イットリウム	Yttrium	Y	ナトリウム	Sodium	Na
インジウム	Indium	In	鉛	Lead	Pb
ウラン	Uranium	U	ニオブ	Niobium	Nb
塩素	Chlorine	Cl	ニッケル	Nickel	Ni
オスミウム	Osmium	Os	ネオジム	Neodymium	Nd
カドミウム	Cadmium	Cd	白金	Platinum	Pt
カリウム	Potassium	K	バナジウム	Vanadium	V
ガリウム	Gallium	Ga	パラジウム	Palladium	Pd
カルシウム	Calcium	Ca	バリウム	Barium	Ba
金	Gold	Au	ビスマス	Bismuth	Bi
銀	Silver	Ag	ひ素	Arsenic	As
クロム	Chromium	Cr	ふっ素	Fluorine	F
けい素	Silicon	Si	プルトニウム	Plutonium	Pu
ゲルマニウム	Germanium	Ge	ベリリウム	Beryllium	Be
コバルト	Cobalt	Co	ほう素	Boron	B
酸素	Oxygen	O	マグネシウム	Magnesium	Mg
ジルコニウム	Zirconium	Zr	マンガン	Manganese	Mn
水銀	Mercury	Hg	モリブデン	Molybdenum	Mo
水素	Hydrogen	H	ラジウム	Radium	Ra
すず	Tin	Sn	リチウム	Lithium	Li
セレン	Selenium	Se	りん	Phosphorous	P
タングステン	Tungsten	W	ルビジウム	Rubidium	Rb
炭素	Carbon	C	レニウム	Rhenium	Re
タンタル	Tantalum	Ta	ロジウム	Rhodium	Rh

索　　引

あ

圧延加工　27
圧延機　156
圧延集合組織　155
圧接　162, 164
アモルファス金属　30
アルパックス　151
アルファ鉄（α-Fe）　49
アルマイト　123
　——処理　33
アルミニウム　112
　——合金番号　115
　——の溶鉱炉精錬法　113
　——ブレージング法　120
アレニウス型の活性化過程　56
アレニウスの式　62
アンバー　93

い

ESD　118
イオン化傾向　69
イオンプレーティング　177
一変系　37
イプシロン（ε）鉄　87
鋳物　146
易融合金　140
インサート金属　171
インバー　93

う

ウィスカ　132

え

液相インサート拡散接合　170
液相線　43
S-N曲線　74
SD　117
X線　28
エッチング　26
NGグレード　96
MK鋼　90
エリンバー　94
延性破壊　76

お

オイルレスベアリング　142
黄銅　105
応力腐食割れ　71
OFHC銅　103
オーステナイト　52
　——系　89
温度定義点　40

か

快削鋼　98
化学還元めっき　175
化学蒸着法　175
化学的腐食　68

拡散接合　169
拡散ろう付法　172
加工硬化　54
過時効　60
活性化エネルギー　62
カニゼン法　175
カラット　126
　　――金合金　127
ガルバニ腐食　69
過冷　152
還元　67
乾式精錬法　21
乾式冶金法　21
乾食　68
ガンマ鉄（γ-Fe）　49

き

機械的双晶　135
機械的締結　162
　　――法　161
貴金属　125
QFP実装　178
球状黒鉛鋳鉄　147, 150
急冷凝固法　31
凝固偏析現象　23
共晶温度　42
共晶型　45
共晶点　42
共析反応　52
金　126
　　――食われ　130
　　――系はんだ　130
金細線　159

金属　17
　　――ガラス　30
　　――間化合物　45
　　――組織　25
　　――組織観察工程　26
　　――の疲労　73
　　――箔　156
金箔　126
金はんだ　126, 129

く

クラーク数　13

け

けい酸塩　20
経時変化　61
KS鋼　90
結晶構造　27, 28
　　――格子　18
結晶粒界　56
ケルメット　142
元素記号　14

こ

硬貨　109
格子欠陥　55
孔食　122
高力アルミニウム合金　117
高力ジュラルミン　118
高炉　84
コエリンバー　94
ゴールドシュミット法　66
固相線　43

固溶体型　45
コロンビウム　15

さ

再結晶　56, 154
　――温度　56, 57
　――化　27
　――集合組織　155
最大固溶限　43
最密六方　18
酸化　65, 67
　――物　20

し

ジーメンス-マルタン法　86
軸受　141
時効　58
　――硬化　58
　――硬化現象　59
磁石鋼　90
七三黄銅　107
湿式精錬法　21
湿式冶金法　21
湿食　68
実装技術　178
実装密度　166
質別記号　116
集合組織　51, 155
ジュラルミン　59, 117
状態図　41
食刻　26
シルミン　172
　――の改良処理　149

四六の黄銅　107
真空蒸着　177
真空ろう付法　121
新元素　15
伸線加工　158
侵入型合金　45

す

水素ぜい性　103
すず泣き　134
すずペスト　136
ステンレス鋼　88, 89
スパッタリング　177
スプリンクラー　140
辷り　28

せ

製鋼　84
ぜい性破壊　76
ぜい性割れ　71
青銅　104
精錬　20
析出反応　52
接合技術　161
接種　150
接触角　65
接触腐食　69
接着　162
セメンタイト　52
繊維組織　27
線香花火　99
ゼンジミア圧延機　157
銑鉄　84

そ

双晶　133
相律　36
ゾーンメルティング法　23
粗鋼　82
組織鈍感性質　25
組織敏感性質　25
塑性加工　154
塑性変形　27, 75
粗銅　102
ソルダリング　165

た

帯域溶融法　23
ダイカスト法　152
耐酸限説　88
体心立方　18
ダイス　158
耐熱鋼　96
炭酸塩　20
弾性変形　75

ち

置換型合金　45
置換めっき法　175
鋳塊　146
鋳造状態　27
鋳鉄　82, 146
　──の黒鉛球状化処理　149
超インバー　93
調質　53
超ジュラルミン　117
超々ジュラルミン　117, 118
直接拡散接合　170

つ

鎚打ち法　158

て

TLP接合法　171
ディンプル　77
てこの原理　47
鉄　82
　──冶金　84
デルタ鉄（δ-Fe）　49
テルミット法　66
転位　55
　──論　55
電気化学的腐食　69
電気伝導度　34
電気めっき法　173

と

銅　102
同素体　86
同素変態　50, 86
銅冶金　102
トーマス燐肥　86
特殊黄銅　106
特殊鋼　83
ドライめっき法　173, 175

な

鉛フリー　137
　──はんだ　133, 138

に

ニオブ　15
20段圧延機　156
ニッケルシルバー　107
二変系　38

ぬ

ぬれ　64

ね

熱間加工　154
熱交換器　119
熱処理　27, 52
熱伝導率　35
熱疲労　74, 179
熱分析　39
熱膨張率　34
燃焼　66

の

ノイマン帯　134
ノコロック法　122

は

パーライト　52
灰色すず　135
灰吹法　102
鋼　82
白色すず　135
白銅　110
博物館病　136
白金族金属　127

バビットメタル　142
破面学　77
反射炉　86
はんだ　57
　—— 食われ　125
　—— 付　165
　—— バンプ　167
半溶融状態　44

ひ

BGA法　168
ひ化物　20
非金属　17
卑金属　125
引張強さ　35
火花試験　99
　—— 方法　100
ピューター　136
標準生成自由エネルギー　20
表面エネルギー　63, 155
表面張力　64, 167
疲労強度　74
疲労限度　74
疲労寿命　74
疲労破壊　74

ふ

封孔処理　123
フェライト　52
複合めっき法　178
不銹鋼　88
腐食　68
普通黄銅　106

普通鋼　82
物理蒸着法　175
不働態　70
　——皮膜　89
不変鋼　93
フラクトグラフィ　77
ブレージングシート　121
粉末冶金法　142

へ

ベータ(β)鉄　86
へき開破面　77
ベッセマー式直接圧延法　148
ベッセマー法　85
ベリンバー　94
変形双晶　135
片状黒鉛　150
変態　49

ほ

ホール・エルー法　112
ホワイトメタル　142
本多光太郎　91

ま

マイクロソルダリング　166
増本量　93
マルテンサイト　53
　——変態　50

み

三島徳七　91
水の三重点　37

密度　34

む

無電解めっき法　173
無変系　37

め

めっき　173
面心立方　18

や

焼入れ　51
焼戻し　53
冶金学的接合　161
やに入りはんだ　159

ゆ

有色金属　32
融接　162, 164
融点　34, 39

よ

陽極酸化処理法　123
洋銀　107
溶鉱炉　84
溶滓　86
溶接　162
溶体化処理　61
溶湯　151, 153
洋白　107
溶融温度曲線　42
溶融金属浸漬法　173

ら

ラウエ斑点　29

り

リフロー　167
硫化物　20

る

ルシャトリエの法則　78

れ

冷間加工　154

冷却曲線　39
連続鋳造法　147

ろ

ろう接　48, 162, 164
ろう付　120

わ

和銅開珎　109

大澤　直（おおさわ　ただし）

1940 年　山形県上山市に生まれる．
1963 年　山形大学理学部卒業．
同　　年　芝浦工業大学金属工学科助手．
1965 年　東京大学工学部冶金学科助手．
1981 年　工学博士（東京大学）．
　　　　　元青山学院大学理工学部講師．
　　　　　金属の低温接合，特に，ろう付およびはんだ付の接合現象の研究に従事．
　　　　　ろう接技術研究会理事（1982），日本溶接協会 JIS Z 3282 はんだ改正委員（1985），ハイブリッドマイクロエレクトロニクス協会理事（1990），中小企業金融公庫全国新事業育成審査会委員（1999），同 成長新事業育成審査会委員（2003），日本電子材料技術協会理事（2001 ～）．

＜主な著書＞
　ろう接の生産技術（編著），溶接新聞社，1982
　電子材料のはんだ付技術，工業調査会，1983
　最新接合技術総覧（編著），産業技術サービスセンター，1984
　はんだ付技術の新時代，工業調査会，1985
　ソルダリング用語事典（編著），工業調査会，1992
　エレクトロニクス接合技術（共著），工業調査会，1994
　はんだ付技術なぜなぜ 100 問，工業調査会，1996
　はんだ付の基礎と応用，工業調査会，2000
　はんだ付のおはなし，日本規格協会，2001
　続はんだ付技術なぜなぜ 100 問，工業調査会，2004

金属のおはなし

定価:本体 1,400 円(税別)

2006 年 1 月 25 日　第 1 版第 1 刷発行
2008 年 4 月 18 日　　　　第 4 刷発行

著　　者　大澤　直
発 行 者　島　弘志
発 行 所　財団法人 日本規格協会

　　　〒 107-8440　東京都港区赤坂 4 丁目 1-24
　　　　　　　　　http://www.jsa.or.jp/
　　　　　　　　　振替　00160-2-195146

印 刷 所　株式会社ディグ
製　　作　有限会社カイ編集舎

権利者との
協定により
検印省略

© Tadashi Ohsawa, 2006　　　　　　　　Printed in Japan
ISBN978-4-542-90275-6

当会発行図書,海外規格のお求めは,下記をご利用ください.
　出版サービス第一課:(03)3583-8002
　書店販売:(03)3583-8041　　注文 FAX:(03)3583-0462
　JSA Web Store:http://www.webstore.jsa.or.jp/
編集に関するお問合せは,下記をご利用ください.
　編集第一課:(03)3583-8007　　FAX:(03)3582-3372

おはなし科学・技術シリーズ

鋼のおはなし
大和久重雄 著
定価 1,029 円(本体 980 円)

銅のおはなし
仲田進一 著
定価 1,470 円(本体 1,400 円)

銅とアルミニウムのおはなし
前 義治 著
定価 1,260 円(本体 1,200 円)

アルミニウムのおはなし
小林藤次郎 著
定価 1,470 円(本体 1,400 円)

ステンレスのおはなし
大山 正・森田 茂・吉武進也 共著
定価 1,325 円(本体 1,262 円)

チタンのおはなし 改訂版
鈴木敏之・森口康夫 共著
定価 1,680 円(本体 1,600 円)

耐熱合金のおはなし
田中良平 著
定価 1,223 円(本体 1,165 円)

形状記憶合金のおはなし
根岸 朗 著
定価 1,223 円(本体 1,165 円)

アモルファス金属のおはなし 改訂版
増本 健 著
定価 1,155 円(本体 1,100 円)

金属疲労のおはなし
西島 敏 著
定価 1,575 円(本体 1,500 円)

金属材料試験のおはなし
中込昌孝 著
定価 1,680 円(本体 1,600 円)

刃物のおはなし
尾上卓生・矢野 宏 共著
定価 1,890 円(本体 1,800 円)

さびのおはなし 増補版
増子 昇 著
定価 1,121 円(本体 1,068 円)

はんだ付のおはなし
大澤 直 著
定価 1,260 円(本体 1,200 円)

溶射のおはなし
馬込正勝 著
定価 1,575 円(本体 1,500 円)

溶接のおはなし
手塚敬三 著
定価 1,029 円(本体 980 円)

熱処理のおはなし
大和久重雄 著/村井 鈍 絵
定価 1,260 円(本体 1,200 円)

鋳物のおはなし
加山延太郎 著
定価 1,470 円(本体 1,400 円)

JSA 日本規格協会　http://www.jsa.or.jp/